U0258546

见识城邦

更新知识地图　拓展认知边界

BIG HISTORY

万物大历史

农耕怎样改变了人类的生活

[韩]金绪炯 著 [韩]陈善奎 绘 杨蕾蕾 译

中信出版集团 | 北京

图书在版编目（CIP）数据

农耕怎样改变了人类的生活 /（韩）金绪炯著；
（韩）陈善奎绘；杨蕾蕾译 . -- 北京：中信出版社，
2022.8
（万物大历史）
ISBN 978-7-5217-4379-1

Ⅰ . ①农… Ⅱ . ①金… ②陈… ③杨… Ⅲ . ①农业－
青少年读物 Ⅳ . ① S-49

中国版本图书馆 CIP 数据核字（2022）第 077932 号

农耕怎样改变了人类的生活
著者：　[韩] 金绪炯
绘者：　[韩] 陈善奎
译者：　杨蕾蕾
出版发行：中信出版集团股份有限公司
（北京市朝阳区惠新东街甲 4 号富盛大厦 2 座　邮编　100029）
承印者：　天津丰富彩艺印刷有限公司

开本：880mm×1230mm　1/32　　印张：6.25　　字数：118 千字
版次：2022 年 8 月第 1 版　　印次：2022 年 8 月第 1 次印刷
京权图字：01–2021–3959　　书号：ISBN 978–7–5217–4379–1
定价：58.00 元

服务热线：400–600–8099
投稿邮箱：author@citicpub.com

大历史是什么？

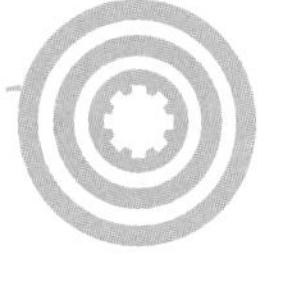

为了制作“探索地球报告书”，具有理性能力的来自织女星的生命体组成了地球勘探队。第一天开始议论纷纷。有的主张要了解宇宙大爆炸后，地球是从什么时候、怎样开始形成的；有的主张要了解地球的形成过程，就要追溯至太阳系的出现；有的主张恒星的诞生和元素的生成在先，所以先着手研究这个问题。

在探索过程中，勘探家对地球上存在的多样生命体的历史产生了兴趣。于是，为了弄清楚地球是在什么时候开始出现生命的，并说明生命体的多样性和复杂性，他们致力于研究进化机制的作用过程。在研究过程中，他们展开了关于“谁才是地球的代表”的争论。有人认为存在时间最长、个体数最多、最广为人知的“细菌”应为地球的代表；有人认为亲属关系最为复杂的白蚁才是；也有人认为拥有最强支配能力的智人才是地球的代表。最终在细菌与人类的角逐战中，人类以微弱的优势胜出。

现在需要写出人类成为地球代表的理由。地球勘探队决定要对人类怎样起源、怎样延续、未来将去往何处进行调查和研究，找出人类的成就以及影响人类的因素是什么，包括农耕、城市、帝国、全球网络、气候、人口增减、科学技术和工业革命等。那么，大家肯定会好奇：农耕文化是怎样促使人类的生活产生变化的？世界是怎样连接的？工业革命是怎样改变人类历史的？……

地球勘探队从三个方面制成勘探报告书，包括："从宇宙大爆炸到地球诞生"、"从生命的产生到人类的起源"和"人类文明"。其内容涉及天文学、物理学、化学、地质学、生物学、历史学、人类学和地理学等，把涉及的知识融会贯通，最终形成"探索地球报告书"。

好了，最后到了决定报告书标题的时间了。历尽千辛万苦后，勘探队将报告书取名为《万物大历史》。

外来生命体？地球勘探队？本书将从外来生命体的视角出发，重构"大历史"的过程。如果从外来生命体的视角来看地球，我们会好奇地球是怎样产生生命的，生命体的繁殖系统是怎样出现的，以及气候给人类粮食生产带来了哪些影响。我们不禁要问："6 500 万年前，如果陨石没有落在地球上，地球上的生命体如今会怎样进化？""如果宇宙大爆炸以其他细微的方式进行，宇宙会变成什么样子？"在寻找答案的过程中，大历史产生了。事实上，通过区分不同领域的各种信息，融合相关知识，并通过“大历史”，我们找到了我们想要回答的“宇宙大问题”。

大历史是所有事物的历史，但它并不探究所有事物。在大历史中，所有事物都身处始于137亿年前并一直持续到今天的时光轨道上，都经历了10个转折点。它们分别是137亿年前宇宙诞生、135亿年前恒星诞生和复杂化学元素生成、46亿年前太阳系和地球生成、38亿年前生命诞生、15亿年前性的起源、20万年前智人出现、1万年前农耕开始、500多年前全球网络出现、200多年前工业化开始。转折点对宇宙、地球、生命、人类以及文明的开始提出了有趣的问题。探究这些问题，我们将会与世界上最宏大的故事相遇，宇宙大历史就是宇宙大故事。

因此，大历史不仅仅是历史，也不属于历史学的某个领域。它通过开动人类的智慧去理解人类的过去和现在，它是应对未来的融合性思考方式的产物。想要综合地了解宇宙、生命和人类文明的历史，就必然涉及人文与自然，因此将此系列丛书简单地划分为文科和理科是毫无意义的。

但是，认为大历史是人文和科学杂乱拼凑而成的观点也是错误的。我们想描绘如此巨大的图画，是为了获得一种洞察力，以便贯穿宇宙从开始到现代社会的巨大历史。其洞察中的一部分发现正是在大历史的转折点处，常出现多样性、宽容开放、相互关联性以及信息积累的爆炸式增长。读者不仅能通过这一系列丛书，在各本书也能获得这些深刻见解。

阅读和学习“万物大历史”系列丛书会有什么不同呢？当然是会获得关于宇宙、生命和人类文明的新奇的知识。此系列丛书不是百科全书，但它包含了许多故事。当这些故事以经纬线把人文和科学编织在一起时，大历史就成了宇宙大故事，同时也为我们提供了一个观察世界、理解世界的框架。尽管想要形成与来自织女星的生命体相同的视角可能有点困难，但就像登上山顶俯瞰世界时所看到的巨大远景一样，站得高才能看得远。

但是，此系列丛书向往的最高水平的教育是“态度的转变”，因为通过大历史，我们最终想知道的是“我们将怎样生活”。改变生活态度比知识的积累、观念的获得更加困难。我们期待读者能够通过“万物大历史”系列丛书回顾和反省自己的生活态度。

大历史是备受世界关注的智力潮流。微软的创始人比尔·盖茨在几年前偶然接触到了大历史，并在学习人类史和宇宙史的过程中对其深深着迷，之后开始大力投资大历史的免费在线教育。实际上，他在自己成立的 BGC3（Bill Gates Catalyst 3）公司将大历史作为正式项目，之后还与大历史企划者之一赵智雄的地球史研究所签订了谅解备忘录。在以大卫·克里斯蒂安为首的大历史开拓者和比尔·盖茨等后来人的努力下，从 2012 年开始，美国和澳大利亚的 70 多所高中进行了大历史试点项目，韩国的一些初、高中也开始尝试大历史教学。比尔·盖茨还建议“青少年应尽早学习大历史”。

经过几年不懈努力写成的“万物大历史”系列丛书在这样的潮流中，成为全世界最早的大历史系列作品，因而很有意义。就像比尔·盖茨所说的那样，“如今的韩国摆脱了追随者的地位，迈入了引领国行列”，我们希望此系列丛书不仅在韩国，也能在全世界引领大历史教育。

李明贤　　赵智雄　　张大益

祝贺“万物大历史”系列丛书诞生

大历史是保持人类悠久历史，把握全宇宙历史脉络以及接近综合教育最理想的方式。特别是对于 21 世纪接受全球化教育的一代学生来讲，它显得尤为重要。

全世界范围内最早的大历史系列丛书能在韩国出版，并且如此简洁明了，这让我感到十分高兴。我期待韩国出版的“万物大历史”系列丛书能让世界其他国家的学生与韩国学生一起开心地学习。

“万物大历史”系列丛书由 20 本组成。2013 年 10 月，天文学者李明贤博士的《世界是如何开始的》、进化生物学者张大益教授的《生命进化为什么有性别之分》以及历史学者赵智雄教授的《世界是怎样被连接的》三本书首先出版，之后的书按顺序出版。在这三本书中，大家将认识到，此系列丛书探究的大历史的范围很广阔，内容也十分多样。我相信“万物大历史”系列丛书可以成为中学生学习大历史的入门读物。

大历史为理解过去提供了一种全新的方式。从 1989

年开始，我在澳大利亚悉尼的麦考瑞大学教授大历史课程。目前，在英语国家，大约有50所大学开设了大历史课程。此外，在微软创始人比尔·盖茨的热情资助下，大历史研究项目团体得以成立，为全世界的青少年提供免费的线上教材。

如今，大历史在韩国备受关注。2009年，随着赵智雄教授地球史研究所的成立，我也开始在韩国教授大历史课程。几年来，为促进大历史在韩国的传播，我们付出了许多心血，梨花女子大学讲授大历史的金书雄博士也翻译了一系列相关书籍。通过各种努力，韩国人对大历史的认识取得了飞跃式发展。

“万物大历史”系列丛书的出版将成为韩国中学以及大学里学习研究大历史体系的第一步。我坚信韩国会成为大历史研究新的中心。在此特别感谢地球史研究所的赵智雄教授和金书雄博士，感谢为促进大历史在韩国的发展起先驱作用的李明贤教授和张大益教授。最后，还要感谢“万物大历史”系列丛书的作者、设计师、编辑和出版社。

2013年10月

大历史创始人　大卫·克里斯蒂安

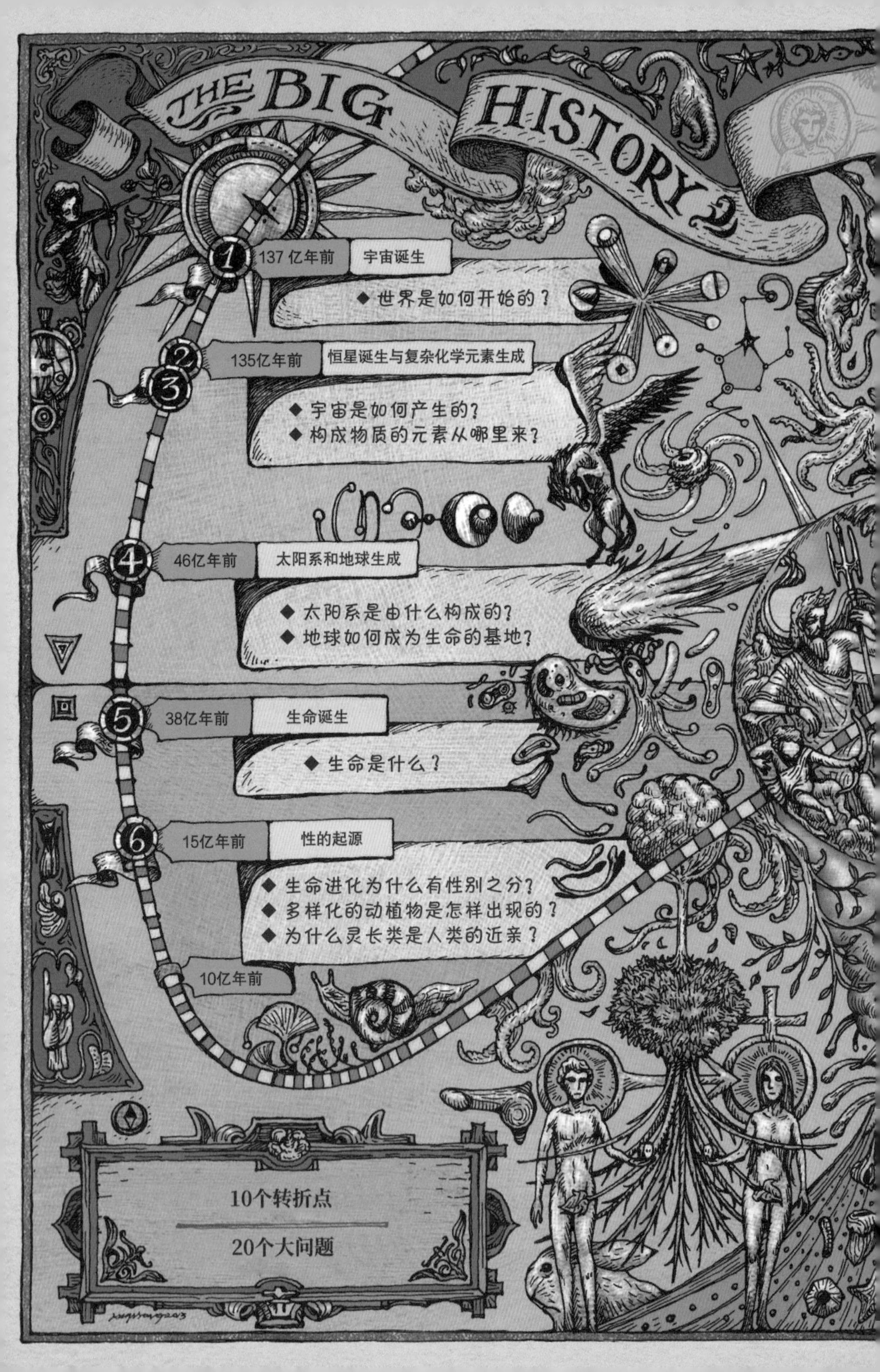
THE BIG HISTORY 2
1
137 亿年前
宇宙诞生
◆ 世界是如何开始的？
2
3
135亿年前
恒星诞生与复杂化学元素生成
◆ 宇宙是如何产生的？
◆ 构成物质的元素从哪里来？
4
46亿年前
太阳系和地球生成
◆ 太阳系是由什么构成的？
◆ 地球如何成为生命的基地？
5
38亿年前
生命诞生
◆ 生命是什么？
6
15亿年前
性的起源
◆ 生命进化为什么有性别之分？
◆ 多样化的动植物是怎样出现的？
◆ 为什么灵长类是人类的近亲？
10亿年前
10个转折点
20个大问题

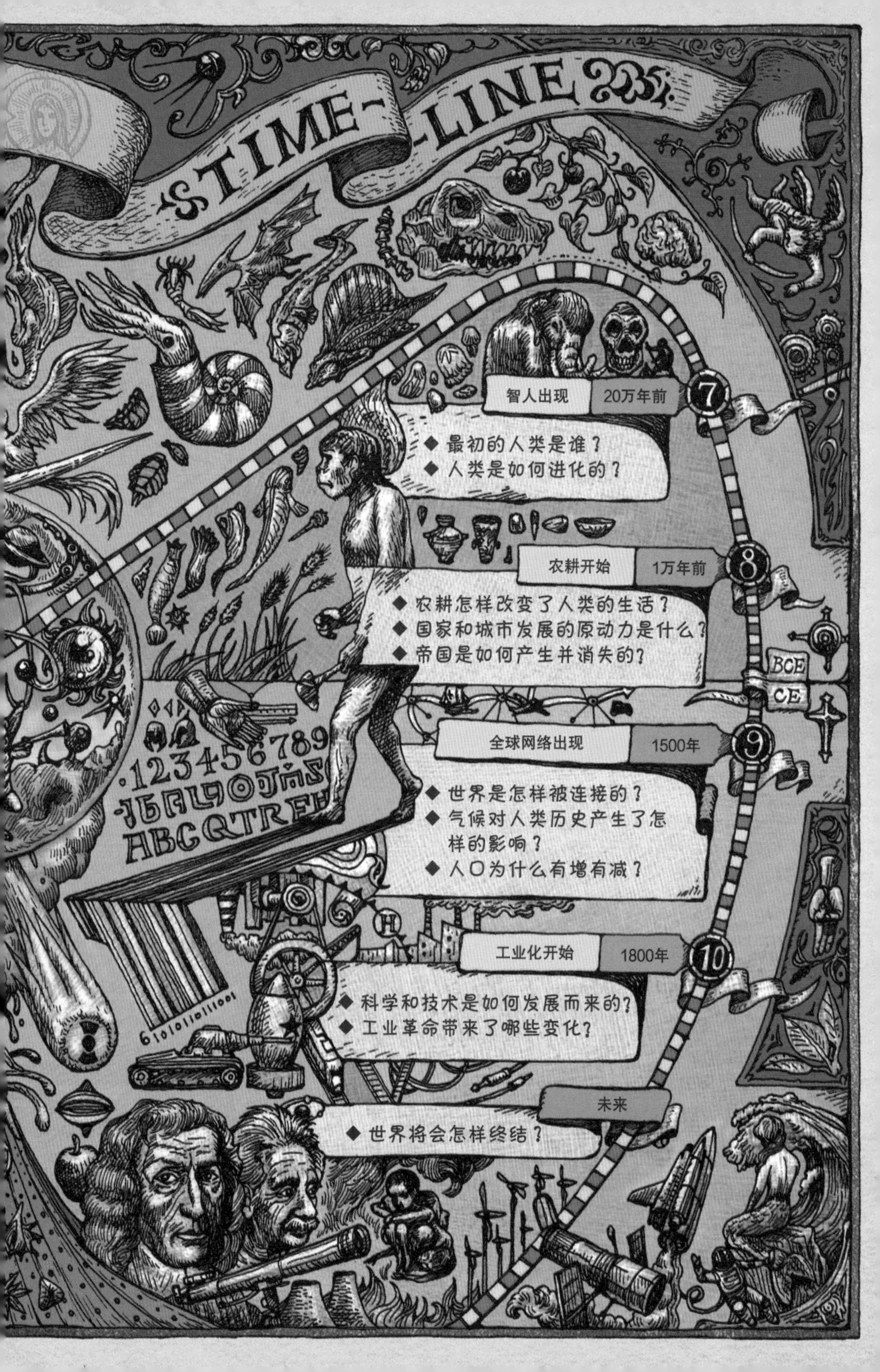
TIME-LINE
7
智人出现
20万年前
◆ 最初的人类是谁？
◆ 人类是如何进化的？
8
农耕开始
1万年前
◆ 农耕怎样改变了人类的生活？
◆ 国家和城市发展的原动力是什么？
◆ 帝国是如何产生并消失的？
BCE
CE
9
全球网络出现
1500年
◆ 世界是怎样被连接的？
◆ 气候对人类历史产生了怎样的影响？
◆ 人口为什么有增有减？
10
工业化开始
1800年
◆ 科学和技术是如何发展而来的？
◆ 工业革命带来了哪些变化？
未来
◆ 世界将会怎样终结？

目录

引言　摆在餐桌上的 1 万年历史　*1*

1

1 万年前的爆炸

狩猎–采集时代　*7*

农耕的起源　*13*

农耕时代的开始　*17*

2

最初的驯化

最初的作物化　*35*

最初的家畜化　*47*

新技术、陶器和工具　*55*

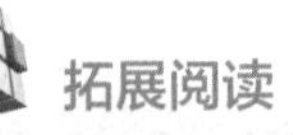

拓展阅读

富足的狩猎–采集时代　*31*

朝鲜半岛水稻种植始于何时？　*63*

关于鸡的神话传说　*64*

次级产品革命

乳制品生产 *68*

羊毛和毛织品生产 *75*

牛和牛耕 *78*

马和战车 *84*

农耕时代的全新复杂性

剩余产品和私有财产 *95*

神职人员、工匠、军人 *102*

法官与官员 *110*

城市和国家的发展 *114*

朝鲜半岛的驿站制度 *92*

巨石阵 *118*

工业化之前的农耕

人口增加与耕地扩大 121

新动力的开发 127

哥伦布大交换 132

棉花和糖种植园 135

工业化时代的农耕

经济作物和资本积累 143

农耕的机械化 148

现代社会的农耕和环境问题 154

7 农耕的未来

基因工程和新食物　163

城市农耕　165

农耕自动化　169

人类与环境共存　171

从大历史的观点看“农耕的开始”　175

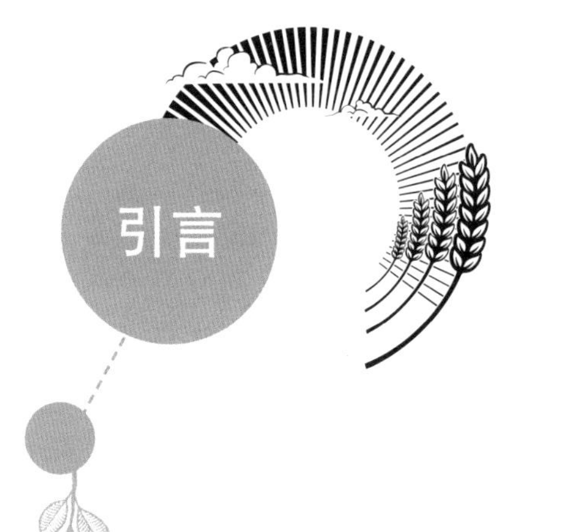

摆在餐桌上的 1万年历史

周六晚上，妈妈准备好晚餐，一家人围坐在餐桌旁。平时在公司忙碌的爸爸妈妈、因教学和科研连周末也要去学校的姨妈，今天难得共进晚餐。其实，每个月一家人聚在一起吃晚餐也不过一两次而已。但是，叙恩好像并不喜欢这次久违的晚餐。妈妈喊了她好多次，她才不情愿地从房间里出来。

看到餐桌上的饭菜，叙恩的表情并不怎么好。餐桌上摆满了她喜欢的菜肴，但她为什么这样呢？今晚餐桌上摆的是杂粮饭、鸭肉、由各种蔬菜和妈妈亲自调制的酱汁做成的沙拉。鸭肉是叙恩非常喜欢的食物。从叙恩小时候起，奶奶要求她每一样菜都要吃，因此，她从不挑食。

看到叙恩不开心，妈妈问道：“叙恩，怎么了？都是你喜欢的菜呀。”闷闷不乐了好一阵子的叙恩回答：“妈妈，我要减肥，不想吃晚饭。”妈妈大吃一惊，又问：“为什么减肥呢？你不需要减肥呀。你不知道只有摄取多种营养成分，身体才健康，只有健康，才能够好好学习吗？”坐在一旁的爸爸也附和道：“我们的女儿不需要减肥呀，现在就非常苗条，很好看呀。”

看到爸爸妈妈的反应，叙恩十分郁闷。“我们班很多同学都在减肥。有的同学甚至整天只喝水呢。这样下去，只有我变胖的话，怎么办呢？”尽管妈妈十分不解，但是叙恩非常固执。这时，姨妈出来调解说：“那么，喝牛奶怎么样？”叙恩觉得，一杯牛奶的话，尚可接受，于是点了点头。

姨妈从冰箱中取出牛奶，一边倒牛奶，一边说：“今天你拒绝了 1 万年的历史啊！”正在脑中飞快计算牛奶热量的叙恩对此十分好奇，心想：“1 万年的历史？那是什么呢？”她好奇地问道：“姨妈，1万年的历史是什么呀？”姨妈看着叙恩，笑眯眯地回答说：“大概在距今 1 万年前，人类几乎同时开始食用大米、大豆、牛肉、蔬菜，还有你喝的牛奶等食物。在那之前，人类不吃这些食物。”叙恩更加好奇了。姨妈将很久之前人类食物的故事向她娓娓道来。

距今约 20 万年前，人类的祖先首次在地球上出现。在当时人类生活的非洲，气候多样，因而可以获得各种各样充足的食物。人们主要通过捕获的陆生动物或鱼类补充蛋白质，通过果实、野生植物摄取碳水化合物。我们将这一生活方式发挥主要作用的时期称为“狩猎–采集时代”。

此后，从距今约 1 万年起，原来人类的生活方式开始发生巨大的变化。原本人类可以较为轻松地从周边环境中获得陆生动物、鱼类、水果、野生植物等，满足能量需求，但从这一时期起开始尝试以新的方式获取食物，即从自然状态下寻找食物，转变为直接饲养和栽培。在这一时期出现的这种新方式，我们称之为“农耕”。

那么，为什么会在约 1 万年前突然出现被称为“农耕”的新生活方式呢？人类最初喜欢食用哪些动物和植物呢？人类最先饲养和栽培的动植物是什么？与之前的狩猎–采集时代相比，农耕时代出现了哪些变化？约 1 万年前开始的农耕与现在的农耕又有什么异同点呢？

本书以这些问题为基础，在长达 137 亿年之久，被称为“宇宙”的时间和空间范畴内，探讨农耕的起源与进程、它引发的社会变化、现在与未来农耕的必要性和重要性等问题。为什么大历史要研究农耕的重要性和意义呢？因为通过农耕，人类的生活才变得更加复杂和多元化。

大历史以各大转折点为中心，试图考察从宇宙的起源

到地球的诞生、生命的出现和进化，以及从各种人类历史的形成到未来的变化。同时，我们通过大历史中的转折点，关注各类模式和结构中多种要素相互之间的关联性。除了太阳、风、水等自然环境中产生的能量之外，我们也十分关注人类社会中因复杂性增加而出现并扩散的权力和

财富等新能量。农耕的出现和复杂性的增加是在此之前未曾出现过的新变化。

那么，让我们追溯至距今约 1 万年前，逐一探讨在大历史的视角下提出的与农耕相关的各种问题，并为其寻找答案。在寻找答案的过程中，细致考察人类社会出现的各种变化，有助于我们理解农耕的历史意义和重要性。

1万年前的爆炸

1

农耕的起源与黄金条件

到目前为止，许多西方历史学家将人类的历史划分为古代、中世纪、近代和现代。这一划分标准仅以西欧部分国家的经济、政治变化为基础，我们把这种认识称为欧洲中心主义。大历史的时代划分克服了上述欧洲中心主义的缺点及局限，具备适用于全人类的普遍性，因而与现在西方通行的时代划分方式有所不同。

接下来，我们将从大历史的角度，探讨狩猎-采集时代、农耕时代初期的人类特点和环境因素。

狩猎-采集时代

现代人类的祖先——智人从周边环境获得自身需要的

食物与能量。狩猎–采集时代开始于约 25 万年前，直至约 1 万年前开始农耕才宣告结束。因此，可以说在约 25 万年的历史长河中，狩猎–采集时代是最悠久的时代。

事实上，狩猎–采集时代并未留下任何形态的文献资料，所以了解这一时代的特征较为困难。因此，相关研究主要是通过人类学家和考古学家文物发掘与分析、与现存狩猎–采集群体进行比较展开的。以这些研究成果为基础，我们能够发现，狩猎–采集时代所具有的特征大致有以下三种。

迁徙生活与交易网

成年男子每天需要的热量为 2 300 ~ 2 500 卡路里，这些能量通过食物摄取。如果再加上学习或工作所需的能量，其实我们每天消耗的能量十分惊人。但是，在距今约 25 万年前的狩猎–采集时代，能量的摄入量非常低。很多学者认为，狩猎–采集时代的人类从周边环境摄取的能量要比现在低很多。

在狩猎–采集时代，由于生产力低下，因此能量摄入量非常低。狩猎–采集时代的人类从周边环境获得必要的食物和能量。但是，当时能够获得的食物和能量十分有限。他们将坚果类、鱼类、小型动物等作为主要食物，当居住地区可以获取的食物全部耗尽之后，就移居至其他地方，以迁徙为生。

由于迁徙生活，因此狩猎–采集时代的族群规模并不大。虽然我们推测存在 100 人共同生活、规模相对较大的族群，但是一般来说，族群成员约为数十人。狩猎–采集时代族群规模较小与生产力密切相关。因为倘若人口急速增长，则很难获得足够的食物。为了保持低人口密度，他们选择长期母乳喂养，一些情况下还将患者、老人、幼儿弃之不顾，让其自生自灭。

狩猎–采集时代的族群主要由直系亲属和近亲组成。尽管族群的规模小，但是亲族之间通过会面和交换形成了初期形态的交易网。与如今复杂的人际关系相比，狩猎–采集时代形成的交易网范围非常有限，纽带和凝聚力也相对较弱。但是，这个交易网不仅能让不同族群互相交换食物和其他物品，而且是交流想法和思想的重要平台。

仪式与语言的发展

智人出现之后，狩猎–采集时代也随之出现了复杂的仪式。通过洞窟壁画，我们可以了解这些仪式的发展历程。狩猎–采集时代的洞窟壁画多为动物。例如，西班牙的阿尔塔米拉洞窟壁画画的就是当时该地区常见的驯鹿和野牛。在狩猎–采集时代，驯鹿是重要的食物来源之一，这些壁画表达的正是捕获更多动物的愿望。

有的学者认为狩猎–采集时代的人类崇拜自然。因为狩猎–采集时代的人类直接受到急剧变化的气候和季节的影响，当食物不够时就不得不辗转于多个地区迁徙生活。这时，自然环境对人类的生存具有决定性作用。他们崇拜灵魂以及雷鸣、闪电、风等自然界中出现的各种力量，并将其崇拜逐渐发展为一种仪式。

在狩猎–采集时代，不仅仪式出现并得以发展，而且可以推测出当时也出现了语言。此时，智人开始使用完整的分节语言，还使用象征语言（通过抽象符号传达意义的语言）。大历史认为，象征语言是人类区别于其他物种的重要特征，因为人类可以通过象征语言共享信息，积累知识。大卫·克里斯蒂安认为，人类在生存过程中获得的多种经验和知识通过象征语言进行积累，并传授给下一代，这被称为集体学习。

人类通过语言和集体学习分享生存所需的信息。交换信息的规模越大，积累的各类新信息就越多。在这一过程中，出现了之前没有的创新性、多样性、相关性等。不仅如此，积累和交换知识与信息的速度也逐渐加快。在狩猎–采集时代，人口密度十分低，知识和信息是在非常有限的族群范围内实现的交换。因此，集体学习并没有产生显著的成果。但是，在此之后，随着集体学习规模的扩大，信息、知识交换与积累的速度加快，人类生活中出现了多种变化。

狩猎–采集时代的技术变化

在持续约 24 万年的狩猎–采集时代，集体学习的成果展现出多种形态，其中之一就是技术变化。很多学者认为，狩猎–采集时代并未出现特别的技术变化，因为在数十万年中，人类的生活并没有特殊的变化和进步。但是，这个观点是错误的。狩猎–采集时代比人类历史中其他时代长得多，而狩猎–采集时代人类族群的规模非常小，在他们之间进行的交换，不论程度还是速度都相当受限，因此这一时期的知识积累与技术变化只是相对较慢而已，并非没有。

在狩猎–采集时代，除了一小部分地区之外，在大多数地区均出现了智人的迁徙。大约 1.3 万年之前，智人迁徙至美洲，这个时期正赶上末次冰期，是一个相当寒冷的时期。因此，智人通过西伯利亚与美洲之间的白令陆桥迁徙至美洲。当时的智人不具备任何横渡海洋、迁徙至另一地区的技术，依靠的仅仅是双脚。

当然，在冰期也曾出现过不得不横渡海洋的情形，即约 4 万年前智人迁徙至澳大利亚。想要迁徙至澳大利亚，就必须跨过海洋，此时出现了造船术和航海术。人类落脚此处的事实恰好证明那时已出现了前所未有的新技术。从今天的角度来看，迁徙工具不过是单纯的木筏，但足以说明这是通过使用象征语言、集体学习的方式，积累知识、共享信息所引发的技术变化。

与此同时，狩猎–采集时代出现的另一个重大变化是火的使用。虽然 170 万年前直立人出现时就已经开始使用火，但是在这一时期，火的使用更高效。在狩猎–采集时代，火有多种用途。比如，点燃篝火可以取暖，还可以使人类免受猛兽的伤害。除此之外，还可以用火做饭。因此，这个时期的人类能够获得比以前更多的食物。

在狩猎–采集时代，为了获得更多食物，火还被用来改变环境。我们将这种技术称为刀耕火种。刀耕火种的原意是将易燃的草木燃尽，以防发生大的山火。不过，在尚未开始农耕的狩猎–采集时代，刀耕火种则以获得更多的食物为目的。通过放火清除树丛和灌木丛，人类可以更容易找到动物，还可以在被火清空的土地上种植新植物，以吸引动物。

人类通过放火使周边环境发生了变化，这恰好证明人类会对周边环境产生影响。人类对周边环境的影响力还可

迁徙至澳大利亚的智人

约 4 万年前，智人迁徙至澳大利亚。虽然处于冰期，但是此次迁徙穿越了海洋。通过这一时期人类迁徙至澳大利亚的事实可以确定，虽然当时造船和航海技术还处于原始水平，但已有所发展。

以通过狩猎-采集时代多种动植物灭绝的事实加以证明。人类在澳大利亚进行刀耕火种之后，桉树的数量大量增加。桉树不仅比其他树木耐热性更强，而且在生长过程中会吸收大量水分，所以其他植物在桉树周围很难存活。因此，人类的行为引发了连锁变化，改变了环境。

在西伯利亚、澳大利亚、美洲等地区，随着人类迁徙、落脚，大型动物逐渐消失。在这一时期，因人类而灭绝的动物有猛犸象、巨犰狳、巨鹿等。人类开始迁徙至新的地区和环境，努力发展技术，以获得更多的食物。通过这样的技术变化，人类开始对周边环境产生影响。

虽然使用象征语言与集体学习的成果见效很慢，但是技术在发展与变化。狩猎-采集时代出现的技术发展使人类与周边环境的关系逐渐发生变化，而距今 1 万年左右开始的农耕进一步加快了这种变化。

农耕的起源

比起“农耕”，我们更习惯使用“农事”或“农业”等说法。“农事”是指播撒谷物或水果的种子，或者种植幼苗，进行栽培和收获。“农业”是将上述农事划分为一个行业的用语。大历史为什么没有选择众所周知的农事或农业，而偏偏选用“农耕”这一说法呢？因为与农事、农业相比，农耕确实包含不同的意义。

“农耕”可以解释为“耕田种地”。按照这一定义，农事与农耕似乎没有什么区别。但是，在英语词典里，“农耕”的含义有所不同，它被定义为“栽培和照料农作物或动物的方法”。这个概念与我们所了解的农事存在区别。维基百科也将农耕定义为“为了维持并改善人类的生活，饲养动物或栽培植物和菌类等行为”。

由此可见，农耕的含义比我们已知的范围大得多。简单来说，“农耕”这一用语大致可以扩展为以下几种含义。听到“农耕”这个词时，首先想到的是栽培农作物的行为。不过，在大历史中，农耕除了栽培农作物之外，还包含饲养动物的行为，以及培育农作物和动物的一系列方法和技术。

那么，在大历史中，我们应该怎样定义农耕呢？我们没有选择使用常见的“农事”或“农业”，而选择使用“农耕”的原因在前文中已做详述，这其实是以其他方式对农耕进行定义和说明。在本书中，我们将农耕定义为“人类在周边的动植物之中选择满足特别喜好的特定种类的动植物，为增加其产量进行的多种技术进步和变革”。这个概念看起来虽然有点难，但是仔细解读会发现其实非常简单明了。所谓农耕，除了我们已知的农事之外，还包括饲养家畜，以及为了获得更多产品而进行的各种技术开发。

家畜化！
咩～咩～
咩～咩～
作物化！

大历史之所以将农耕定义得如此宽泛，是因为人类通过农耕开始人为地改良动植物种类、提高生产效率，这就是所谓的“驯化”。驯化是非常初级的基因工程。我们经常通过新闻获悉，得益于科学技术的发展，人类改良出了新的动植物种类。因此，提到基因工程，总会让人误以为是最近出现的事物。其实，基因工程的起源可以追溯至农耕的时代。

进一步来说，驯化并不单纯意味着某一物种将另一物种视为食物进行榨取，造成作为食物的物种数量减少或消失的现象。如果某一物种过度榨取作为食物的另一物种，该物种自身也有可能灭绝，因此反而会出现保护其他物种并共同生存的现象。例如，蚂蚁将蚜虫分泌的液汁作为食物，为了获得更多的液汁，它们会在自己的巢穴中保护蚜虫卵。这种互助生存方式就是互利共生。驯化是共生的一种形态。

人类慎重地考察周边环境，选择对自身有用的物种，尝试能够使其更好生长的各种改良方式，并进行长期驯化。这样一来，不仅会对周边环境产生影响，人类也会受到来自周边环境的影响。

因此，我们考察广义的农耕，不仅对距今约 1 万年前开始的种植作物、饲养家畜的行为来说非常重要，而且对考察人类与周边自然环境的关系而言也至关重要。开始农耕之后，人类的生活方式与狩猎–采集时代截然不同。为了正确地理解其复杂性、多样性、关联性，应以平衡人类与周围环境相互影响的视角和观点进行思考。因此，对农耕的认识不应局限于人类种植喜欢的植物、饲养喜欢的动物，而应该理解为人类历史上出现过的各种相互作用之一。

农耕时代的开始

那么，人类为什么会在约1万年前突然开始农耕呢？约20万年前，地球上出现智人之后，在很长一段时间内，人类都通过狩猎–采集的方式从周边环境获取食物，维持生活。但是，地球上发生了多次地壳变动和气候变化，人类再也无法像之前那样从周边环境中获取固定数量的食物。

此时，为如何获取稳定数量的食物而苦恼的人类选择了农耕。但是，出乎意料的是，进行驯化和从事农耕之后，人类的生活水

现代人

人类在进化上可大致分为原始和现代两类。有观点认为，原始种包括没有尾巴的大猩猩、猩猩、黑猩猩等类人猿和原始人类。原始人类是指约300万年前出现在非洲的南方古猿、能人、直立人等。现代人则是指约20万年前出现的智人。本书中使用的“人类”指的就是现代人，即智人。

准反而下降了。

也许是因为在狩猎–采集时代，有多种动植物可以作为食物，而开始农耕之后，可以被选作食物的范围变小了。另外，开始农耕后，与狩猎–采集时代相比，虽然人类从事了大量劳动，但是产量并不高，仅获得了相对较少的食物。因此，人类的健康状态和营养状态也变得非常糟糕。

这里就产生了一个疑问。与狩猎–采集时代相比，农耕时代的生活水平低下，生活变得更加困难，人类为什么没有回归到狩猎–采集时代的生活方式呢？

关于这个问题，有两种相左的观点。第一种观点认

新月沃地

新月沃地是由美国历史学家詹姆斯·亨利·布雷斯特德提出的西亚文明发祥地，指两河流域及其毗邻的地中海东岸。新月形状的这一地区有多种猎物和野生谷物，即使不饲养动物、不种植作物，也可以享有食物充足的生活方式。因此，这一地区被称为新月沃地。为了与为寻找食物而进行迁徙的单纯狩猎–采集生活方式区分，这一地区的生活方式被称为复合型狩猎–采集生活方式。

距今约1万年前，当地人开始饲养和种植这一地区的各种野生动植物。代表性植物有豌豆、二粒小麦、大麦，动物有绵羊、山羊。除了新月沃地，在中国、非洲、美洲大陆，人们在这一时期也开始种植植物、饲养动物。从大历史的观点来看，可以认为驯化几乎于同一时期在全世界同时出现。

为，农耕对人类生活非常有用。这一观点的代表性学者是贾雷德·戴蒙德。他认为，约 1 万年前在新月沃地开始出现农耕，之后它以相当快的速度扩散至全世界。开始农耕意味着人类可以更容易获得更多食物。

第二种观点认为自然环境的改变导致狩猎–采集变得越来越困难，除了农耕之外，没有其他解决方法。大历史的研究者们认为，农耕并不是开始于某一地区，随后扩散的，而是同时出现于若干个地区。他们主张，至少在 3 个以上的独立区域，人们同时开始进行农耕。即使与劳动时间和耗费的能量相比，人类获得的食物较少，但他们没有其他的方法和选择，只能适应新的生活方式。

黄金条件

在大历史中，各种构成要素与黄金条件结合，使前所未有的复杂性和新事物出现。但是，在解释宇宙大爆炸、恒星诞生、地球形成等自然科学现象时，黄金条件意味着“极为恰当”的状况或要素，而在人文学科中，黄金条件被运用得更加灵活。

虽然现在我们还无法解释约 1 万年前人类开始农耕的原因，但是倘若逐一考察开始农耕的各种条件，也许我们能够了解由狩猎–采集转为农耕使生活方式发生变化的各种原因。从大历史的观点来说，在分析各种事件和现象时，我们把导致复杂性和新事物出现的前提条件称为“黄金条件”（Goldilocks Condition，也译“金发姑娘条件”）。那么，距今约 1 万年前出现农耕的黄金条件是什么？为了更加深入地了解农耕，让我们一起考察人类开始农耕的两大黄金条件以及其他条件。

间冰期

冰期与冰期之间的时期。即使处于冰期，地球也不是一直寒冷的，寒冷的气候和不太寒冷的气候周期性地交替出现，而间冰期保持温暖气候的时间比冰期长得多。地球自形成之日起，一共出现三次间冰期。距今约 1.5 万年前，末次冰期结束，从此开始了末次间冰期，我们现在就生活在这一时期。

全球变暖

农耕的第一个黄金条件就是全球变暖。全球变暖意味着海洋和地表附近的气温上升。不过，全球变暖并不是 19 世纪工业化之后的孤立现象，而是地球诞生后多次出现的现象。约 46 亿年前，地球诞生之初的环境与我们现在

开始农耕的地区

大卫·克里斯蒂安将约 1 万年前开始农耕的世界大致分为亚非欧地区、美洲地区、澳大利亚及巴布亚新几内亚地区、太平洋地区。尽管在这些地区出现农耕的时间存在些许差异，但是按照大历史的观点，可以将其理解为多个地区几乎同时出现了农耕。

的截然不同。早期的地球相当热，几乎没有大气。这大概与我们想象中的地狱相差无几吧？

在过去的 46 亿年间，地球的环境不断发生变化。根据现代科学知识和证据，地球一共经历了四次冰期，距今约 1.5 万年前末次冰期结束到现在被称为间冰期，这一时期持续温暖。虽然也经常出现高于或低于平均气温的情形，但是这一时期的显著特征之一是全球变暖使大陆冰川

46 亿年间地球的温度变化

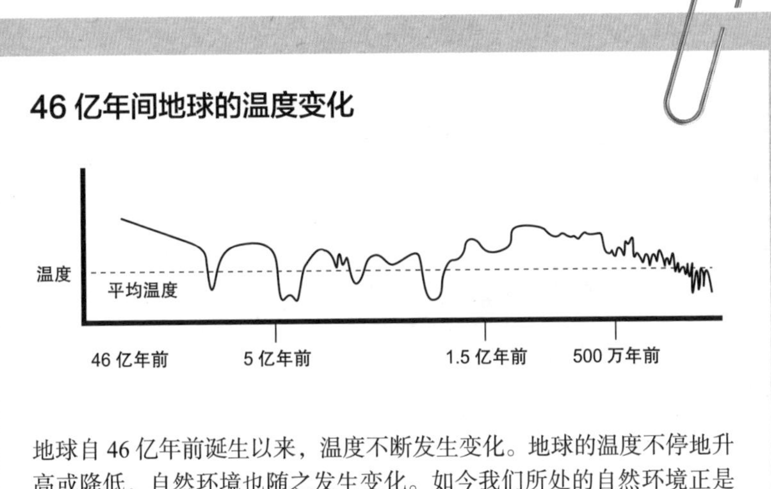

地球自 46 亿年前诞生以来，温度不断发生变化。地球的温度不停地升高或降低，自然环境也随之发生变化。如今我们所处的自然环境正是经过这样的反复变化形成的

融化，导致海平面上升。

全球变暖导致气温上升，北美洲、欧洲北部、西伯利亚等地覆盖陆地的冰川开始融化。伴随末次冰期的结束，冰川开始融化，海平面上升了 60 多米。这与今天地球上所有冰川融化的水平相当。现在随着二氧化碳排放量增加，极地冰川融化的现象令人担忧。不过，约 1 万年前出现的海平面变化比这严峻得多。随着海平面上升，很多沿海地区淹没在水中，海水流向陆地，形成了河流。这种气候变化最先改变了地球的自然环境。

由于全球变暖，在非洲或南美洲等温暖的地区，出现了之前不存在的森林。原本密实葱郁的森林主要出现于寒

冰期结束后海平面高度的变化

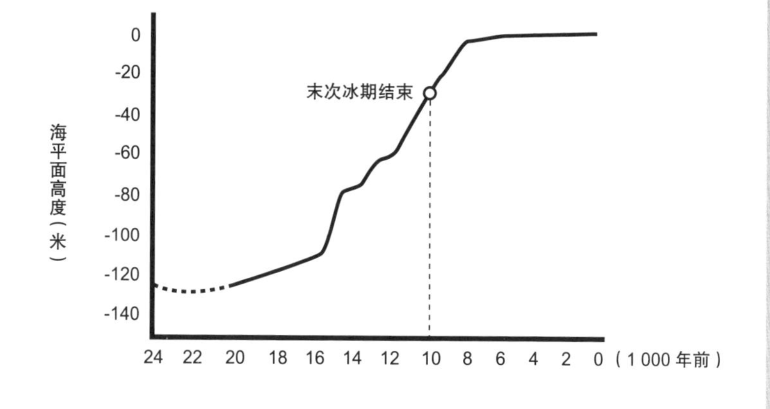

随着末次冰期结束，极地的冰川开始融化，流入海洋，导致海平面逐渐上升

冷地区，温暖地区则由草原构成。但是，自 1 万年前起，在温暖地区开始出现介于森林与草原中间形态的热带稀树草原。随着地球环境的这种变化，动物也出现了变化。

随着全球变暖，以猛犸象为代表的大型动物逐渐消失。猛犸象的长毛覆盖着皮肤，能够适应冰期的严寒气候，在冰期得以生存。但随着地球逐渐变暖，猛犸象等大型动物适应周边环境的速度跟不上环境变化的速度，再加上人类试图获取更多食物，大型动物渐渐销声匿迹，最终在距今约 1 万年前，美洲地区的猛犸象等大型动物灭绝。

与之相反，有的动物反而因为全球变暖，数量增加。猪、鹿、兔子等动物的数量从距今约 1 万年前起开始急剧增加。与生活在冰期的大型动物相比，体形较小的动物可以非常迅速地适应环境变化。而且相比大型动物，猪、鹿等动物动作更敏捷，很难被捕获，加之体形太小，作为食物的价值也相对较低。但是，随着地球环境发生变化，大型动物因无法适应周边环境而数量减少，人类不得不把小型动物看作重要猎物。

在全球范围内出现的物种变化不仅仅局限于动物。由于全球变暖，许多地区出现了原本并不存在的植物，例如坚果类、菌类等。这是因为坚果类多生长于热带气候地区，菌类多生长于气候温暖的地区。另外，全球变暖不仅造成食草动物和食肉动物的数量与种类急剧增加，还使水稻、玉米等营养成分丰富的植物的可生长区域随之扩大。终于，地球具备了可以开始广义农耕的黄金条件。

有的学者将当时人类比较容易获得食物的、生态学上富饶的地区称为“伊甸园”。全球变暖之后，伊甸园扩散至全世界，可以作为人类食物的动植物种类大幅增加。在这种情况下，人类为了获得更多的食物，开始追求被称为农耕的新型生活方式。

人口急速增加

农耕的第二大黄金条件是人口急速增加。从大历史的观点来看，人类历史呈现出新的复杂性。我们可以从两个层面考察人类历史的这一复杂性。一个层面是人口增加。人类在地球上出现之后，人口持续增加，人类可以居住的环境也逐渐扩大。与此同时，其他物种的数量也出现了变化。我们可以通过大历史的时间轴观察到对人类有用的物种数量增加、对人类无用的物种数量减少的现象。

接下来，让我们对人口增加的历史做进一步了解吧！距今约 20 万年前，人类最初在地球出现时的人口数量无法精确统计。不过，很多人口学家根据多种统计资料推测，距今约 3 万年前，在地球上以狩猎–采集方式生存的人类有数十万之多，并推测生活在全球开始变暖时期（即农耕开始的时代）的人类约为 400 万。

这一时期显现出的极为重要的变化是人口增加速度之快已远超前期。在狩猎–采集时代，人口翻倍平均需要 8 000 ~ 9 000 年甚至更长时间。但在农耕时代，人口翻倍仅需 1 400 年。这一时期人口迅速增加，比狩猎–采集时代增加了 4 倍以上。一些学者认为，距今约 1 万年前，人口急速增加，当时的人类需要更多食物。为了养活激增的人口，出现了人为选择周边动植物，提高其产量的技术革

1 万年间的人口变化

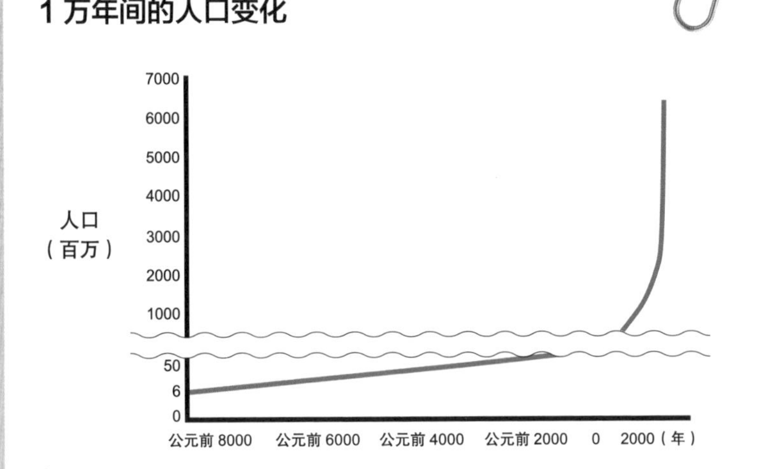

据推测，1 万年前生活在地球上的人口约有 600 万，而 5 000 年前约有 5 000 万，增加了约 7 倍。从 19 世纪中期的工业革命开始，人口以极快的速度增长。至 20 世纪初，人口已超过 16 亿，如今已超过 70 亿

新。典型的例子是，通过主动筛选，原本野生的玉米棒变大、谷粒增多。

另一些学者强调，随着人口急剧增加，人类开始迁徙至以前无人居住、人口密度较低的地区。与之前相比，人口增加的速度快很多，因此人类在确保食物供应方面遇到了很大困难。为了生存，移居至几乎没有人类生活的陌生环境是许多族群唯一的选择，他们只能以当地陌生的动植

物为食。

最终，除了冻原或极地等人类无法生存的区域之外，几乎所有的地方都有人类居住。因此，人口增加导致了新生活方式的出现。

从这一点来看，约 1 万年前出现的人口激增使人类放弃已有的生活方式，选择了可以获得更多食物的新生活方式。人口增加，则需要获得更多的能量，为此人类摸索出更有效获取能量的方法——农耕。过去，人类在居住地周边即可获得所需的食物和能量。现在，即使不迁徙，人类也可以获得比以前更多的食物。农耕可以养活急速增加的人口。因此，农耕是技术发展的成果之一，可以有效解决人口增加引发的能量需求增加问题。

C_4 植物的增加

除了上述两个黄金条件之外，还有多种因素加速了农耕的进程，其中之一是 C_4 植物的增加。大部分植物通过三碳化合物进行光合作用，C_4 植物则由四碳化合物进行光合作用。典型的 C_3 植物有水稻、小麦、大麦、马铃薯等，C_4 植物有玉米、甘蔗等。据推测，最早的 C_4 植物出现于约 3 200 万年前。考虑到 1 万年前全球开始逐渐变暖，可以认为全球变暖、环境变化导致了 C_4 植物的出现。

在相对温暖时期出现的 C_4 植物与 C_3 植物不同，它可

以在温度高、干燥的地区生长。最近的研究成果显示，虽然 C_4 植物的种类仅占全世界植物物种的 1%，但其数量却占植物总数量的 30% 以上。也就是说，在我们周围可以看到的植物中，有大约 1/3 是 C_4 植物。

狩猎–采集时代的人类摄取的主要是 C_3 植物。这类植物白天吸收空气中的二氧化碳，使其与其他有机物结合，即实现光合作用。通过这一方式从阳光中获得并贮存生存所需的能量。不过，在这个过程中存在一个问题。为了吸收二氧化碳，白天植物会打开树叶上的小气孔，这样就造成了水分蒸发。植物保持水分充足，与通过光合作用获得能量同样重要。但是，地球逐渐变暖，植物在进行光合作用的过程中蒸发的水分也随之增加。

为了适应逐渐变暖的地球环境，C_4 植物出现了进化。与 C_3 植物打开气孔进行光合作用不同，C_4 植物可以在几乎关闭气孔的状态下进行光合作用。为此，C_4 植物进化出了可以贮存二氧化碳的细胞层。这样，即使不打开气孔，也可以通过细胞层吸收二氧化碳，防止水分蒸发，提高光合作用的效率。这个例子很好地证明了 C_4 植物能够以新的方式适应周边环境。

可有效获得能量的 C_4 植物的出现和扩散与农耕也有密切关系。与 C_3 植物相比，C_4 植物不需要太多的水和肥料，因此人类在贫瘠、干燥的地区也可以进行种植。所以，人类人为地选择了可以获得更多粮食的 C_4 植物，并开始种植。换言之，全球变暖导致环境变化，C_4 植物提高了光合作用的效率，适应了新的环境，于是人类选择了 C_4 植物进行种植，因此农耕可以扩散至更广阔的区域。

是不是应该去打猎?
那些家伙的发育状况不能与我们相提并论!
去山里打猎喽!

富足的狩猎–采集时代

如美国人类学家马歇尔·萨林斯所述，虽然与其他时代相比，狩猎–采集时代是一个摄取较少热量、消耗较少能量的时代，但却是所有人的要求都很容易得到满足的“富足时代”。这大概是因为受周边环境条件所限，人们压抑了自己的欲望。

根据萨林斯的观点，在狩猎–采集时代，大部分人可以获得自己所需的各种食物。他们为了获得生存所需的食物，平均每天劳作 6 小时左右。因此，除了劳作时间，实际上他们有充足的闲暇时间享受生活。另外，随着周边环境的变化，以迁徙作为主要生活方式的狩猎–采集时代是对占有或获取物质的渴望非常有限的时代，这是因为在寻找既有食物又安全的地方进行迁徙时，需要携带自己所有的物品。

当然，也有很多学者批判了萨林斯的“狩猎–采集时代是最富足的时代”的观点。这些学者认为，开

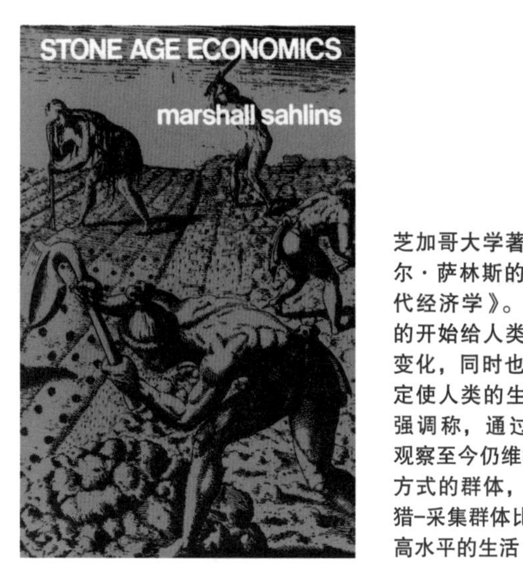

芝加哥大学著名人类学家马歇尔·萨林斯的代表作《石器时代经济学》。萨林斯认同农耕的开始给人类历史带来了诸多变化，同时也认为农耕并不一定使人类的生活变得富足。他强调称，通过考察各种证据，观察至今仍维持狩猎–采集生活方式的群体，得出的结论是狩猎–采集群体比农耕群体享有更高水平的生活

始农耕之后，通过各种形态的作物化、家畜化，食物产量增加，人类的需求也随之增加，实则比狩猎–采集时代获得了更多样的食物，生活质量也得以提高。对于这样的争论，从大历史的视角来看，从狩猎–采集时代到农耕时代，再经过工业化，直至现在，可以确定人类的生活水平和生活质量并不是一直在提高的。因为历史并不是直线展开、不停进步，而是时而向前发展，时而倒退的。

最初的驯化

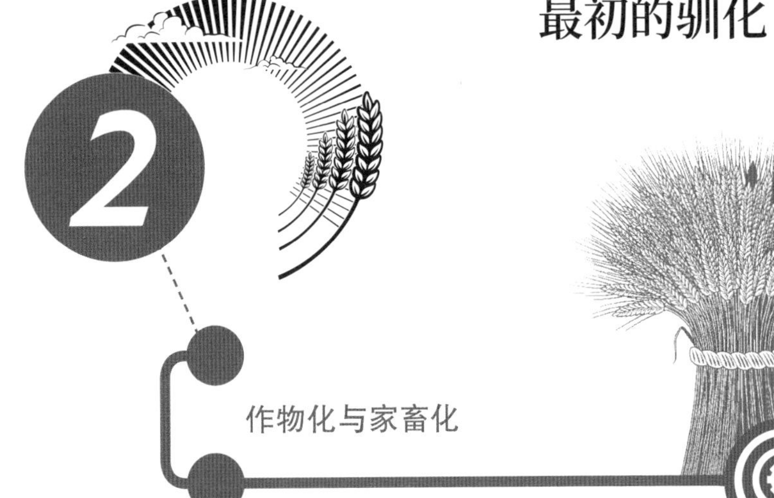

作物化与家畜化

农耕不仅仅是单纯地种植作物，还意味着驯养动物，同时也包含为了种植作物或驯养动物而取得多种技术的发展。相比过去的狩猎–采集时代，人类能够通过这种驯化得到更稳定、更高产的食物。随着收获的食物逐渐增多，人类社会出现的最大变化是人口增长。在农耕时代，人口增长的速度是狩猎–采集时代的 6 倍以上。作物化和家畜化提高了生产效率，与此相关的知识和技术也在集体学习过程中被逐渐传播，以此来适应新的生活方式。换言之，随着人口激增，人类之间的相互联系增多，出现了很多新现象，其复杂性陡增也在所难免。

那么，这种驯化过程究竟是如何开始的呢？下面，我们将以约 1 万年前在地球上出现的多种“黄金条件”为

有不理解的地方吗?

基础，对全球范围内进行的动植物驯化进行阐述。

最初的作物化

在现代社会中，被人类用作食物进行种植的作物有水稻、小麦、大豆、玉米等，而这些谷物最初都是野生植物。直至约 1 万年前，地球上出现了全球变暖和人口增加等“黄金条件”，人类开始对这些野生植物进行驯化。此外，为了获得更多食物，人类革新了多种生产技术，不仅包括对种子的改良，而且包括多种农具的制造，使种植与收获更加高效。

自农耕开始，各种谷物作为人类的主食与人类度过了漫长的岁月。谷物的主要成分是碳水化合物，我们可以大体上从以下两个方面来理解碳水化合物为什么是人体必需的营养成分。第一，它是生命体的构成成分。碳水化合物存在于植物的细胞壁、昆虫的外壳以及动物的骨骸之中，这些部位在维持多种生命体的骨骼与结构方面是不可或缺的。第二，它是能量的重要来源。通过食物摄取的碳水化合物在人体内被分解为葡萄糖，每克葡萄糖能提供约 4 000 卡路里热量，而这些热量是我们学习或运动时所需的能量。

对人体至关重要的碳水化合物由氢、氧、碳元素按照一定比例结合而成。

在大历史中，我们了解了氢是最早产生的元素，且通过氢元素的核聚变反应能够制造出包括氦在内的多种元素。因此我们可以说，氢是地球上存在的众多元素之根源。

氧是与生命体的进化及多样性紧密相关的元素。通过光合作用，地球上的氧含量增加，出现了具有新呼吸方式的生命体。氧在人体中起到的作用是将我们摄取的食物在体内燃烧，以生成能量。随着地球上氧含量的增加，生命体生成能量的效率也进一步提升，而对能量需求更多的生命体则通过多种方式得以进化。

碳是对生命体最重要的一种元素，因为碳元素是构成蛋白质的基本元素，而蛋白质是维持生命最为重要的物质。生命体就是碳元素的复合体，因此地球上的众多生命体为了生存，至关重要的一点就是利用以碳元素为基础的化合物。比如，碳和氧结合形成二氧化碳，植物吸收二氧化碳后进行光合作用，在这一过程中生成了能量和氧气，而这些能量和氧气又会为其他生命体所用。因此，碳元素是

葡萄糖

葡萄糖（$C_6H_{12}O_6$）是由6个碳原子、12个氢原子以及6个氧原子构成的单糖类物质，在生物界中广泛存在。葡萄糖能被二氧化碳和水分解，同时释放能量。

地球上所有生命体共存的必要元素。

人类也是这样，通过摄取由碳水化合物构成的大米或小麦等谷物，获取人体必需的元素。

我们爱吃的面包、糕点以及各种面食是由什么加工而成的呢？答案是小麦。小麦是全世界产量最高的谷物之一。2014 年，全球小麦产量约为 7.3 亿吨。此外，小麦也是全世界种植范围最广的谷物。小麦产量最多的国家是中国，印度、俄罗斯、美国、法国、澳大利亚、土耳其等国家也大量出产小麦。

位于土耳其南部的哥贝克力石阵是公元前 1.2 万年左右的神殿遗址，人们在此发现了野生小麦的痕迹。人类为了获得更高的产量，开始了小麦作物化种植，单粒小麦和二粒小麦便是代表性的物种。经过作物化过程，种子附着在麦穗上，便于收获，同时也出现了能够结出更大更多谷

世界十大小麦生产国

现在，全世界种植小麦最多的国家是中国。令人感到奇怪的是，包括最早开始作物化的新月沃地在内的西南亚地区如今却几乎不出产小麦。此外，美国出产的小麦也占据着相当多的份额。

小麦的进化

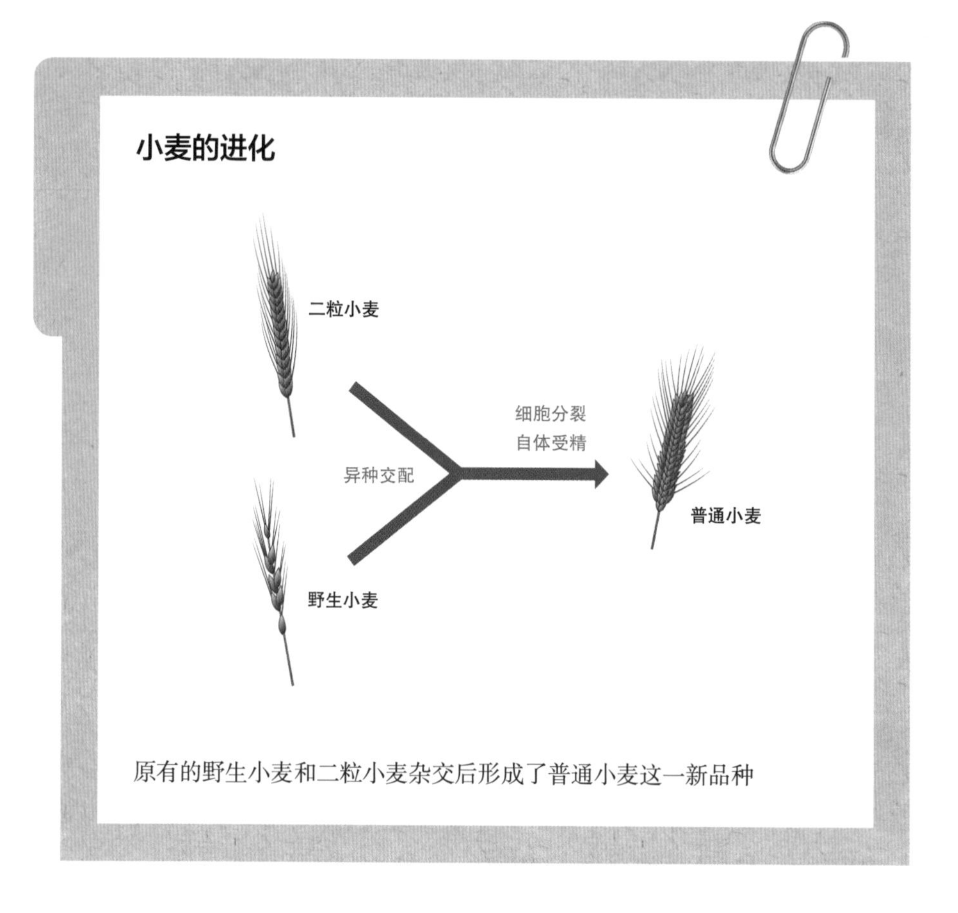

原有的野生小麦和二粒小麦杂交后形成了普通小麦这一新品种

粒的小麦品种。人们在位于现伊朗东部的戈兰遗址，也就是新月沃地发现了公元前 9800 年左右人类种植的二粒小麦的遗迹。

除了新月沃地，还有很多地区流传着关于小麦起源的传说。在希腊神话中，流传着大地之母、谷物女神得墨忒耳赐予希腊人和罗马人大麦及小麦的故事；在埃及神话中，小麦精灵是生产及收获之神敏的儿子。尤为特别的是，在以大米为主食的韩国，也有与小麦相关的传说。据推测，小麦在公元前200—前100年左右从中国传至韩国，今天的庆州和扶余地区过去曾种植小麦，主要在大米产量不足时用以替代大米或用来酿酒。

如上所述，关于小麦起源的神话传说在全世界广泛存在，这意味着小麦在人类历史上是至关重要的谷物。和其他谷物相比，小麦能够使血糖迅速升高，因此是重要的能量来源。此外，小麦的面筋蛋白含量很高，这是一种天然的蛋白质，在大麦中约含有5%，在小麦中约含有13%。面筋蛋白口感筋道，和其他谷物相比味道较好，因此在作物化进程之后，人类在很长时间里都选择小麦作为主要的

韩国的小麦传说

古时候，京畿道杨平有一位孝子，为了救活年迈病重的父亲而四处寻访名医。听闻若要救活父亲，需要将人的生肝熬制三次，饮用其汤水。于是，他杀死了路过的书生、僧人以及疯子，取其肝脏，其父服用之后神奇地痊愈了。

但是，孝子对被他杀死的三个人心怀愧疚，遂将三个人的尸体葬于一处，为其建墓。之后，坟墓周围长出了前所未有的谷物。孝子收获粮食后，将其磨成粉末放在一起，发酵之后便成了酒。孝子收获的谷物正是小麦。根据这个传说，小麦的形状就像被剖腹冤死的三个人的尸体一样，中间是裂开的。而人们饮酒之后，眼前就会依次展现出被孝子所杀的三个人的样子，即斯文的书生、供奉佛祖的僧人以及疯子。

亚非欧大陆

囊括了亚洲、非洲和欧洲的术语。虽然至今为止很多世界史学者按照大陆板块对地球的众多区域进行划分，但是依据这些划分难以理解众多区域之间发展起来的交易网的相互作用。在大历史中，我们选择将互相影响并形成了相互关联性的亚洲、非洲和欧洲设定为一个地理单位和交易网单位。

能量来源。

在开始驯化小麦的同时，人类驯化的另一种谷物是玉米。美洲最初开始玉米作物化的时间为公元前 7000 年左右。从地形上看，美洲南北延伸，因而不同地区具有不同的地理条件和气候。在这种条件下，谷物若要适应环境并广泛传播的话，需要费时良久。因此，很多学者认为，考虑到美洲的地理条件，相比已在约 1 万年前于亚非欧

神话和传说的意义

大历史对世上万物的起源及相关说法进行了基础性解释。在科学发展之前，人类试图利用多种方式来理解宇宙、世界以及事物的起源，其中一种便是起源说。大卫·克里斯蒂安曾将大历史定义为基于科学依据的起源说，大历史中的神话或传说等起源说并非古时候人们创造出的荒诞无稽、不可信、不科学的言论，而是当时人们对人类和周边环境以及世界起源进行解释的方式之一。现在，得益于科学技术的突飞猛进，我们能够通过最为合理可信的证据对包括宇宙和地球在内的诸多事物的起源进行解释。但是，从大历史的观点来看，一定要铭记这些科学的解释也是我们关注和了解世界的另一种形式的起源说。

大陆完成作物化的小麦、大米、大麦、高粱、大豆等谷物，玉米作物化出现得相当晚。

最早出现在美洲的玉米和今天的玉米颇有差异。野生的玉米种类如今已经不存在了，但是根据考古学和遗传学的证据，科学家们主张，今天我们所见的玉米是从一种名为墨西哥类蜀黍（teosinte）的物种进化而来的。该品种最早在今天位于墨西哥城东南的特瓦坎地区被种植。

墨西哥类蜀黍和今天的玉米在形状和大小上都明显不同，谷粒的大小和形态也相差甚远。墨西哥类蜀黍很小，且谷粒不多，而今天的玉米尺寸较大，且谷粒丰满。在墨西哥类蜀黍的作物化过程中，能够提供更多能量的玉米登上了历史舞台。

在美洲，玉米曾是极为重要的食物。首先，和其他谷

美国和韩国的玉米产量对比

今天，全世界玉米产量最大的国家是美国。以2013年为例，美国的玉米产量约为24.3亿吨，占全世界玉米产量的45%以上，且消费量超过了产量的三分之一。美国中部和东部形成了世界上最大的玉米种植区，被称为“玉米带”。今天，玉米带生产的大部分玉米被用作家畜饲料。而韩国每年的玉米产量虽超过了7万吨，但远远无法满足家畜饲料的需求量。据统计，韩国2010年的玉米自给率仅为0.9%。

物相比，玉米能够生成大量含碳有机物和热量，且在高温干燥地区也能茁壮成长。此外，不同品种的玉米虽存在差异，但一般来说，种植玉米仅需要 6 个月左右的时间，和其他谷物相比耗时较短。同时，玉米更容易保存和储藏，所以它不仅是能够为人类提供能量的食物，而且是具有经济价值的商品。将剩余的玉米以商品的形式售卖出去，便能得到自己所需的物品。因此，在美洲出现货币经济之前，玉米也曾是物物交换的重要手段。

玉米在美洲的重要性在多种文化中也有所体现。最早在美洲形成文化的奥尔梅克人便将玉米视为非常重要且神圣的谷物，他们在斧头或石板上雕刻玉米秆和叶子；玛雅人也将雨水之神描绘为背着玉米筐的形态；在危地马拉，传说创世之神用玉米面团创造了人类，成为今天人类的祖先。对美洲原住民来说，玉米是能够解释宇宙和世界如何被创造的要素，玉米田是宇宙的中心。

我们在上文中了解了小麦和玉米的作物化过程，接下来看一看韩国消费量最大的谷物——大米的作物化过程。近年来，韩国人的生活习惯日趋西化，越来越多的家庭在饮食上选择面包和麦片代替米饭，但大米目前仍是韩国消费量最大的谷物。根据 2013 年的统计数据，韩国的大米产量约为 420 万吨，自给率约为 85%。除大米之外，其他食物自给率为 25% 左右。由此可见，目前韩国生产量

墨西哥类蜀黍和玉米

被称为玉米始祖的墨西哥类蜀黍（左侧）和今天我们熟知的玉米（右侧）。墨西哥类蜀黍的大小只有玉米的三分之一左右，谷粒也不多，因而在农耕开始之前的时期，它并不适合被用作食物

和消费量最大的仍是大米。

那么，水稻的作物化始于何时呢？众所周知，农耕的开始与地球环境的变化，尤其是全球变暖有着密切的关系。约 3 亿年前，陆地分裂为劳伦古大陆和冈瓦纳古陆两个板块，在冈瓦纳古陆上有一种被称为冈瓦纳古陆水稻的

植物，这种植物就是今天水稻的共同祖先。现在，地球分裂为六个大陆，在此过程中，水稻的品种也由冈瓦纳古陆水稻开始出现分化。

一些学者认为，水稻的作物化最早出现于印度阿萨姆邦。他们提出依据称，“水稻”（Ssal）一词起源于印度语中的“Sari”，“Sari”意为冬天成熟的水稻。“Sari”一词在西伯利亚和中国东北地区演变为“Sira”，在韩国演变为“Ssal”。此外，韩国南部地区称水稻为“narak”，据说这一单词的词源是表示野生水稻的印度语单词“nibara”。

然而，近期大部分学者认同的是，水稻作物化最早始于1.3万年前的中国长江流域，因为遗传学家通过基因组分析发布的研究成果显示，今天全世界范围内种植的多种水稻都是从在中国实现作物化的种子中分化之后进化而来的。因而水稻可能最初在中国实现作物化，而后在公元前4000年左右被商人或移民传播至印度。以对水稻的遗传学研究结果为基础提出的水稻作物化最早始于中国的主张，很好地反映了大历史的视角，即以最为合理且值得信任的科学知识为基础解释特定事物或现象的起源。

除了大米，在韩国消费量较大的另一种谷物是大豆。大豆最早开始作物化进程是在公元前5000年左右的中国东北地区以及相连的朝鲜半岛。在朝鲜咸镜北道会宁市出

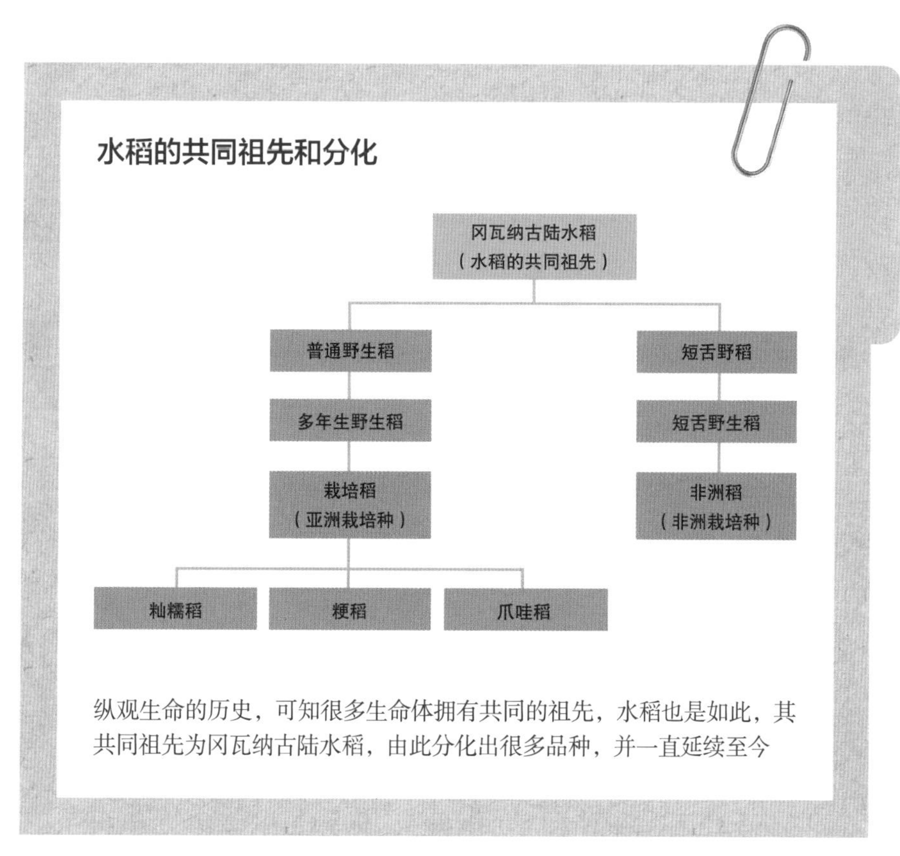

纵观生命的历史，可知很多生命体拥有共同的祖先，水稻也是如此，其共同祖先为冈瓦纳古陆水稻，由此分化出很多品种，并一直延续至今

土的陶器中发现了碳化大豆。据推测，该碳化大豆为公元前 1500 年左右的物品。陶器与大豆一同被发现绝非偶然，因为大豆生食的话不易被消化，煮熟后才能食用。对大豆的摄取只有在能够盛装大豆并加以烹饪的器皿出现之后才有可能，而在会宁发现的陶器是公元前 1500 年左右制作的无纹陶器，这一证据表明朝鲜半岛在那时已开始种植并煮食大豆。

大豆也出现在星座故事之中。东亚地区自古便有三个星座群，被称为三垣。三垣之一的紫微垣包含天体北极星。紫微垣中有一个叫作八谷的星宿，是与包括大豆在内的八种谷物相关的星宿，对应西方星座中的鹿豹座或御夫座。古时候，我们的祖先通过观察八谷星宿来占卜一年农事的吉凶，位于八谷星宿第五位的星象征大豆。

韩国有很多与大豆相关的文化，人们过去曾在村中立起长杆以祈求丰年，同时也作为村庄守护神的象征。元宵节是新年后的第一个农历十五，同时也是开始农事的日子。在那一天，人们会在长杆前表演农乐，并进行祭祀活动。那时会用到鼓和铃铛，据说鼓的形态来源于盛装大豆的器具，而铃铛则是模仿大豆的形状由金属制造而成。

和其他谷物相比，大豆中的蛋白质含量十分丰富，因此韩国人常常把大豆称为“来自土地的牛肉”。蛋白质是构成身体的重要成分，维持并促进身体生长。研究结果表明，通过肉类摄取的蛋白质会使体内脂肪累积，导致患成人病的风险增加，因此食用大豆代替肉类摄取蛋白质的方式被广为提倡。此外，大豆还能有效预防癌症等成人病。通过大豆的作物化进程可以得知，特定的作物深深地扎根于我们的生活方式和文化之中。

在大历史中，之所以将农耕的开始视为重大转折点，是因为通过上述作物化过程，约 1 万年前出现的饮食和生

八谷星宿和鹿豹座

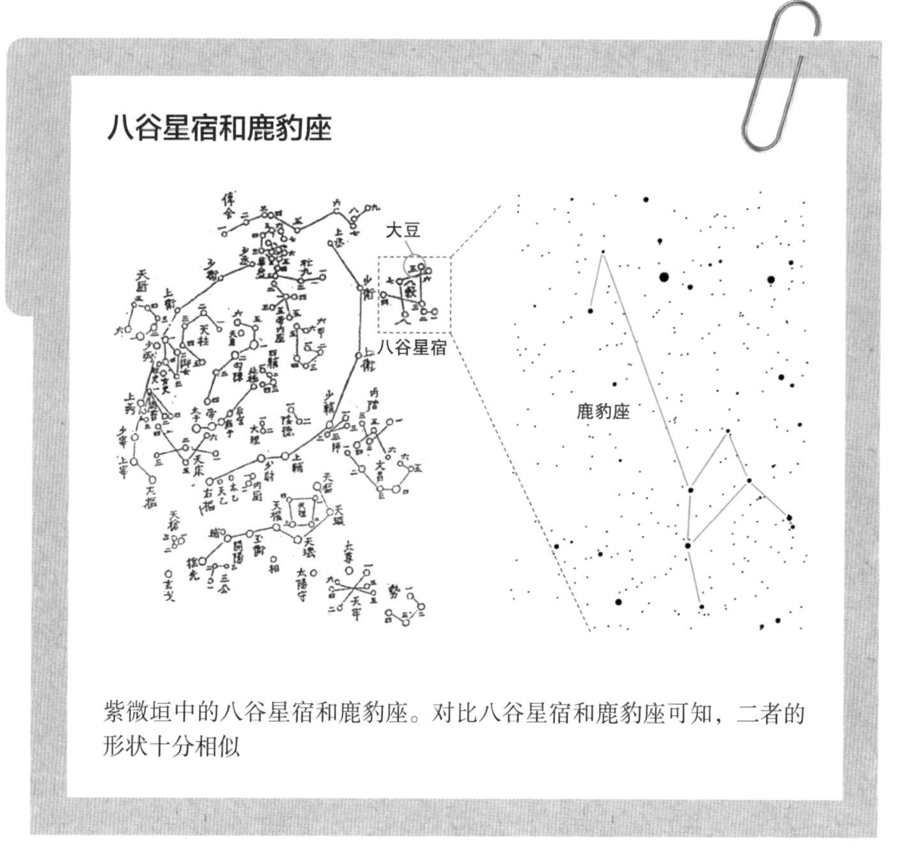

紫微垣中的八谷星宿和鹿豹座。对比八谷星宿和鹿豹座可知，二者的形状十分相似

活方式的变化至今仍在影响着人类。以此为基础，我们可以预测农耕在今天以及未来将走向何方，甚至可以预测它给世界带来的变化。

最初的家畜化

人类最早开始驯化动物的历史可追溯至大约 1.3 万年

三韩时代的文化

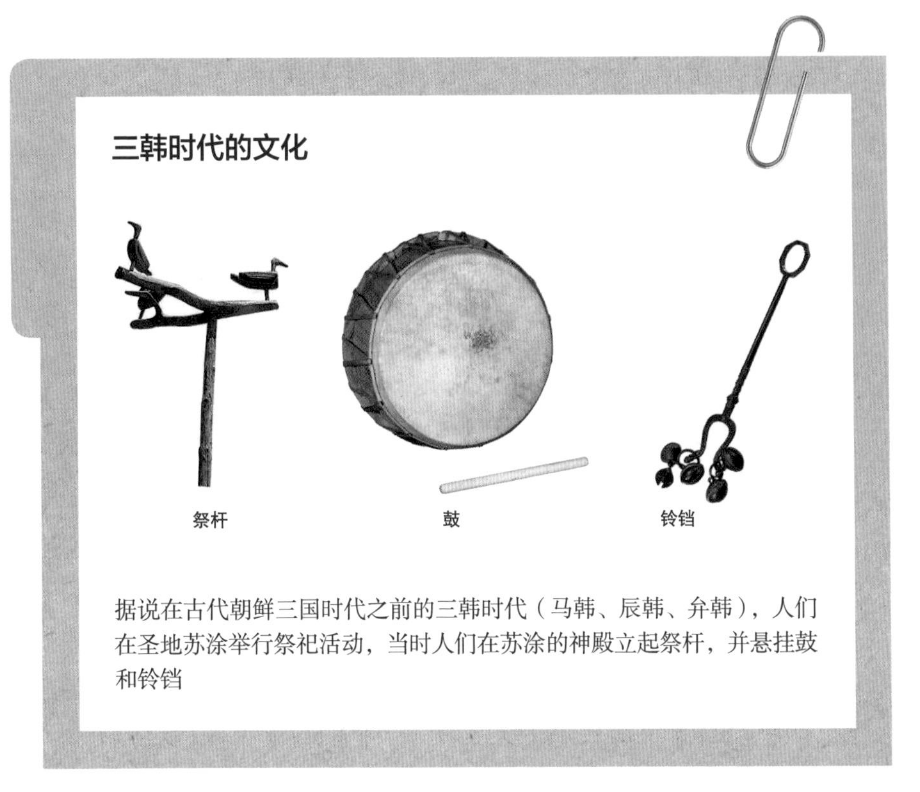

据说在古代朝鲜三国时代之前的三韩时代（马韩、辰韩、弁韩），人们在圣地苏涂举行祭祀活动，当时人们在苏涂的神殿立起祭杆，并悬挂鼓和铃铛

前，虽然很多进化生物学家主张进化的过程和变化需要一个漫长的时期，但事实上，动物的家畜化只历经了约 1 万年，时间相对较短。我们今天常见的狗和猫，以及对人类有很大帮助的山羊、绵羊、马、牛、驴等动物便是在那一时期开始了家畜化。

我们把物种根据周边环境的变化进行适应和改变的过程定义为进化。根据这一定义，家畜化包含的内容可解释为，人类为了使动物适应人类的生活环境，同时保持与人之间的亲密感，或为了获得更多的粮食，从而驯化动物，在此过程中出现的物种进化和技术发展也是家畜化的一部分。

事实上，在地球上的众多物种之中，被人类驯化的物种并非多数。如今，很多学者认为，人类进行家畜化驯养的动物只有14种，也就是说，虽然有很多动物，但和人类生活密切相关的动物并不多。那么，有哪些动物被人类驯化了呢？

在人类周围的无数动物中，能够被家畜化的动物具有一些共同特点。下面就一起来看一看实现家畜化的“黄金条件”吧！首先，人类若要驯化动物，最重要的是考虑动物的食性。请不要忘记，家畜化是人类为了获取更多能量而出现的变化。考虑到这一事实，便可得知，将与人类食性相似的动物进行家畜化颇具难度。因此，早期便于实现家畜化的是那些和人类食性不同的动物，如主要以草为食物的牛、山羊、绵羊等温顺的动物。

家畜化的另一个重要因素是动物的生长速度。一只鸡从雏鸡成长到可下蛋的成鸡一般需要6个月左右的时间，与此相反，大象成长到可生育阶段则要经历8~9年之久，因而估计没有人会花费8年以上的时间驯养大象，以获取所需的能量。

不会和人类争夺食物，并能在短期内生长起来，因而能够给人类提供更多的食物，被人类驯化的动物几乎都是这样的物种。但是，那些实现了家畜化的动物并非都是人类为了获得食物而驯化的，农耕开始之后最早被家畜化的动物之一是狗。狗被驯化成了同人类维持着纽带关系且适应人类生活的动物。接下来，让我们来了解一下狗被人类驯化经历了哪些过程。

追溯历史，狗的祖先是什么样子的呢？众所周知，狗的祖先是原来生活在北美地区，之后扩散至全世界的灰狼。但是，在我们的认知中，狼和狗是两种极不相同的动物，因为在过去的1万年里，狼在进化为狗的过程中，外貌、特征和行为发生了巨大的改变。时至今日，仍然有一些与狼的习性相仿的狗，这些狗一般充当猎犬或牧羊犬等。不过，在过去的1万年里，因为各自适应的环境不同，绝大部分狗和狼最终形成了不同的习性。

在农耕开始的时期，相对温顺且记忆力和社交遗传基因发达的灰狼开始进化成狗，同时不断适应着周边环境的变化。在这一过程中，狗的祖先为了寻找食物，经常在人类狩猎大型动物的现场徘徊，渐渐与人类建立了联系。最初，狗的祖先会等人类猎杀动物之后，吃掉残留的肉块。随着这种现象持续出现，狗的祖先认识到待在人类的狩猎现场就能很轻松地获得食物，后来则较为积极地帮助人类

等你长大了，
我可能都死了。
这个不适合我，
你吃吧！

打猎。

近来有一种主张称，狼在人类丢弃的垃圾堆中寻找食物的同时进化成狗，而后开始被人类驯化。人类丢弃的垃圾中有包括小麦在内的食物，狼食用这些食物后，遗传基因发生了可分解和利用碳水化合物的变化。提出这一主张的根据是，对狼和狗的遗传基因进行比较分析后，发现狗比狼具有更多分解碳水化合物所必需的遗传基因。

除了狗以外，和人类保持紧密关系的另一种动物是猫。如果说从灰狼进化而来的狗通过狩猎和人类形成了密切关系，猫则是通过别的方式同人类形成了这一关系。在埃及神话中，有一位叫作芭丝特的女神，这位象征富饶和丰收的女神长着猫的脸。当时，猫在埃及是备受崇拜的对象，而崇拜芭丝特的埃及人也在自己家中养了很多猫。

猫能够成为人们崇拜的对象，最大的原因是它擅长抓老鼠。人类为了防止费时费力收获的谷物和其他粮食被动

狗的进化

据推测，灰狼原本遍布整个亚欧大陆，但在约 1.4 万年前随着移居美洲的人类一起迁徙到北美，成为狗的祖先。灰狼的后代进化出了很多种类，并扩散至全世界。

物，尤其是老鼠糟蹋，尝试了多种办法。在这个过程中，人们了解到猫擅长抓老鼠的特点，便开始让猫和人类一起生活，用以驱鼠护粮。猫也自此成为对人类生活至关重要的动物。

不仅如此，猫在埃及还被认为是能够对抗黑暗的动物。对很多埃及人来说，黑暗象征着死亡与邪恶，他们把在漆黑的环境中也能清楚观察、敏捷行动的猫当作唯一一种能够阻止他们永远沉沦在黑暗中的动物。因此在埃及，在猫死后，尸体会被做成木乃伊，保存在猫形的木棺中，通过这种方式来表达对猫的崇拜。

但是，狗和猫的家畜化具有显著的不同点。如我们所知，灰狼为了更容易获得食物，徘徊在人类的狩猎现场附近，它是根据“自己的需要”进化成狗，并与人类变亲近的。与此相反，猫是人们出于驱鼠护粮的目的，即根据“人类的需要”而被家畜化的。像这样在相似的时期被人类驯化的动物通过不同的需要和过程开始了家畜化进程，而且随着时间的流逝，相比于动物自身的需要，因人类的需要而被家畜化的动物开始增多。

人类为了获得更多的食物而开始家畜化驯养的动物有山羊和绵羊，最初是为了获得蛋白质的主要来源——肉。绵羊和山羊最早在西亚被驯化，当时该地区生长着很多可供这些动物食用的植物。从嫩芽到树叶、树枝，甚至是藤

埃及女神芭丝特

太阳神拉的女儿，死神阿努比斯的妻子。芭丝特是猫面女神，这证明当时埃及人将猫视为重要的动物

蔓，绵羊和山羊都能吃，但人却不能。有一些植物是人类能吃的，但绵羊和山羊可以依赖这些植物以外的植物生存。从确保粮食充足的观点来看，它们并非与人类争夺食物的动物。因此与其他动物相比，人类更加喜爱绵羊和山羊，它们的家畜化实现得较为容易。

绵羊和山羊原本是进行集体觅食和迁徙生活的动物。最初，人们会将进行迁徙生活的动物带至食物丰富的地方喂养它们，后来逐渐开始把这些过惯了迁徙生活的动物圈养在狭小的空间里。为了把它们置于人类的影响力和控制之下，人类创造了圈舍。被人类圈养的绵羊和山羊不得不去适应与过去截然不同的生活方式，之后产生了遗传上的变化。

截至目前，我们对农耕开始之后多种动物和植物被人类驯化的现象进行了研究。如前文所述，人类开始家畜化和作物化进程的最重要原因是人要养活激增的人口。在现有的环境中，能够获得最多的食物和能量的方法是培育对人类有用的动植物，并充分利用它们。从这个意义上说，农耕是为了获得更多能量的“集约化”。不同于过去的狩猎-采集时代，农耕时代开始之后，人类试图获得更多的能量，同时开始人为地对周边环境施加影响。这造成了多种遗传的变化和技术的发展，使人类的生活变得更加复杂多样。

新技术、陶器和工具

农耕并非仅意味着对植物或动物的驯化。为了获取更多的食物，人类发展了多种多样的技术，并制作了大量工

啊！
啊！
好饿啊~

乖乖听我的话，还会给你好吃的！
嗖嗖
嗖嗖
嘶嘶
嘶嘶

啊！老鼠！

喵~
这是对你表示感谢的礼物。

具。从大历史的观点来看，这一系列发展都包括在农耕之中。在这一意义上，让我们了解一下 1 万年前发生作物化时出现的初期技术发展。

人类通过驯化植物或动物得到了更多的食物，与此同时，人类还制造了一些新的工具。其中最具代表性的工具是陶器，这是人类最初用火和土制造出来的。过去，西方人认为土、水、火、空气等作为构成世界的四种元素，在决定物质的来源和性质方面起着重要作用。最早的陶器，始于为盛装物品而用草和树枝制成的筐子，在筐子上抹上黏土加固，或者将黏土烘干，用来盛装果实和草。把这类用草和泥土制成的筐子放入火中烧制，使其变得更加坚硬，在这一过程中，陶器的制作得到了发展。

人类历史上最古老的陶器于现在土耳其安纳托利亚高原的遗址中被发现。这个被称为加泰土丘的遗址内展示了生活在公元前 7000 年左右的人类痕迹，保留了很多能够看出农耕开始之后人类生活面貌的壁画、浮雕以及雕刻品等。在该遗址中，人们发现了使用坚韧松软的安纳托利亚

动植物的驯化

公元前 1 万年左右在全球出现的家畜化和作物化。

高原泥土制成的陶器。据推测，它是公元前 7000 年左右的物品。

农耕开始之后，全球范围内的人类都开始制造陶器，生活在朝鲜半岛的人类也制造了很多种陶器，其中最具代表性的是栉文陶器。所谓栉文陶器，从其名称中便可得知，是在陶器的表面刻画了梳齿状的图案。此外，栉文陶器的另一个特征是陶器的底部较尖，所以很难在平地上使用。关于栉文陶器的尖底形态，有些专家认为，制造陶器的人们多生活在江边或海边，所以将陶器制造成适合在沙子较多的地形中使用的形状。还有一些学者认为，在农耕时代，人们建好窑洞后在地面上挖出洞孔，以固定栉文陶器。

制造这种尖底形态的陶器，除了简单地适应多沙的地理环境，应该还有其他原因。首先，相比于底部较圆的陶器，底面较尖的陶器下方受热后能够快速升温，在烹制食物时能更均匀地煮熟食物。此外，当食物的材料中混入石头粉末等杂质时，还能让其沉淀至尖底部分。由此能推测出，栉文陶器主要的用途是烹饪食物。

与陶器同时被制造出的还有多种工具。早在狩猎–采集时代，人类已经使用石头的锋利面来打猎和采集。农耕开始之后，随着收获更多的食物，人们开始制作更加高效

栉文陶器

距今约 6 000 年前朝鲜半岛制造的栉文陶器，其特征是尖底，表面刻有梳齿状图案。据推测，栉文陶器是主要被当作烹饪或储藏时使用的生活用具，此外在祭祀时也被用作礼器

的工具。

约 1 万年前农耕开始的时候，人们用石头或动物的骨头制作工具，其中最具代表性的有掘棒、半月形石刀以及石镰等。掘棒的末端十分尖锐，最初用于挖掘地下的植物或其根部，后来在播种时也用来刨地。半月形石刀是收割作物或捋穗时使用的工具，石镰则主要用于割草或修剪树枝。除了这些工具，人们还制造出了给谷物去皮磨粉的磨

半月形石刀

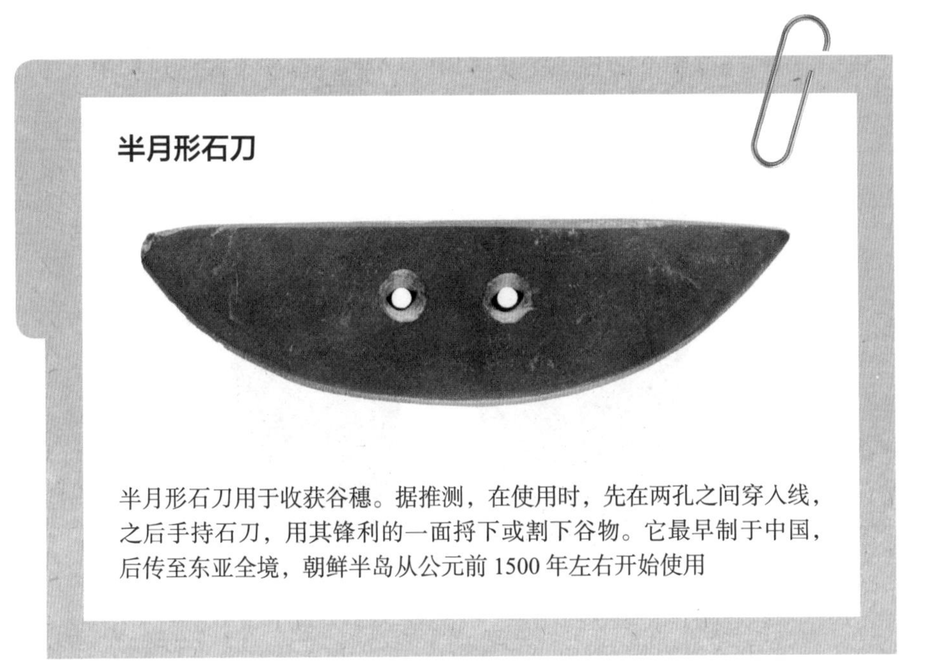

半月形石刀用于收获谷穗。据推测，在使用时，先在两孔之间穿入线，之后手持石刀，用其锋利的一面捋下或割下谷物。它最早制于中国，后传至东亚全境，朝鲜半岛从公元前 1500 年左右开始使用

板和磨石等工具。随着时代的发展，它们后来变成了石臼和杵。

除了用石头制成的工具以外，人们还制作了很多用于农耕的木制工具。公元前 100 年左右，包括木锄和三齿耙在内的很多工具被制造出来。木锄是将稻田中的土块打碎或将黏性较强的土地修平整时使用的工具，最初是用木头制作的，后来又在木制把手上加了铁制锄头配合使用，进一步提升了生产效率。三齿耙是将三个耙刃连接在一个握把上制成的工具，主要用来耙土平地。因为由铁制造而成，所以在黏性较强的土地上也能轻松地耙地，总而言之

极大地提升了农耕的效率。

在制造工具的同时，水稻开始在朝鲜半岛种植。为了收获更多的大米，出现了多种技术革新，其中最具代表性的例子是水库。水库是通过调节水流人为地调整水量的水利设施，在平原上筑堤建造而成。因为水稻在年降水量超过 1 000 毫米的高温潮湿气候下才能够茁壮成长，所以给稻田供水极为重要。在开始种植水稻之后，今天的韩国湖南地区形成了目前韩国最广阔的平原。为了给这一地区供水而建的水库是 330 年建于全罗北道金堤市的碧骨堤。

除了水库之外，为了收获更多的大米，人们还制造了另一种水利设施——水车。水车通常被称作水碾，这一工具积极地利用了朝鲜半岛多山的地理环境和条件，利用水从高处落至低处时产生的势能而获得动力。朝鲜半岛从公元前 5 世纪开始使用水车。直至 19 世纪后期石油和电力成为新的动力来源，水车一直是主要的动力来源。水车有两种类型，一种是可将谷物碾磨成粉的制粉用水车，另一种是可往稻田浇水的灌溉用水车。在过去的生活中，水车在朝鲜半岛被广泛应用，无论是碾磨谷物、辣椒、打糕，还是脱粒或弹棉花，甚至是棉织方面都会用到。

始于约 1 万年前的农耕使多种动植物开始适应人类的

碧骨堤

碧骨堤是韩国历史最悠久的水库，作为一个灌溉设施，人们试图利用它来提供农耕时所需的水源。通过碧骨堤可以推测出当时的技术发展水平

生活。通过作物化和家畜化的进程，人类能够获得的食物远多于过去的狩猎–采集时代，并开始制造形态简单的工具。制造工具之后，就是利用周边环境实现技术发展。因此，在大历史中，农耕不仅仅是对多个物种的驯化，还是一个十分重大的转折点，人们通过集体学习积累的信息和知识促成了崭新形态的技术发展。

朝鲜半岛水稻种植始于何时？

20 世纪 70 年代，在京畿道骊州的一处史前遗址中发现了自然烧毁的大米。年代测定显示，该大米为公元前 7000 年左右的物品。此外，在忠清北道清原郡，还发现了公元前 1.5 万年左右的稻种。因为当时正处于冰期，所以这一稻种很可能是野生种子，与今天韩国种植的水稻存在遗传差异。与今天种植的水稻相似的品种最早于公元前 5000 年前后在朝鲜半岛开始被种植。

发现于忠清北道清原郡的稻种。在 1994 年为建设科技园区而进行的指标调查中，该稻种与多种文物一同被发现

关于鸡的神话传说

朴赫居世是新罗的开国君主，同时也是朴氏的始祖，据说他出生于白马产下的蛋。公元前69年，六个村子的村长聚在一起，商议选出有德之人作为领导者建立国家。这时突然传来马的叫声，人们赶上前去看到一匹白马趴在地上，片刻后飞向空中，而白马趴过的地方出现了一颗巨蛋。巨蛋中生出了一名男婴。这名男婴就是朴赫居世，他把国名定为徐罗伐，自己成为国王。朴赫居世即位之后，被今人推测为鸡的鸡龙在井边产下了名为阏英的女婴。这个女婴后来和朴赫居世结为夫妻，成为新罗的第一位王后。

除了朴赫居世和阏英的神话之外，新罗还有其他与鸡相关的神话。庆州曾是新罗的首都，在这里有一个环绕王国的月城，月城的西边是一片树林。65年春天，当时统治新罗的脱解王听到树林中有鸡鸣的声音，天亮后前去查看，发现树上有一只白色的鸡。树枝上挂着一个金匣子，打开后发现里面有一个婴儿。因为白鸡象征着光芒和祥瑞，脱解王便把国号改为鸡林，并把婴儿带回去抚养成人。这名婴儿就是韩国庆州金氏的祖先金阏智。随着他的七代孙登上王位，新罗首次出现了金氏国王。

次级产品革命

牛奶、羊毛和家畜的劳动力

被人们称为乳制品的牛奶和奶酪中含有大量的钙，有助于强壮骨骼。大部分牛奶来自奶牛，奶酪则是用牛奶发酵制成的，无论是牛奶还是奶酪，都是可以从已被家畜化的动物那里获得的重要食物之一。最为重要的一点是，与肉类不同，这些食品即使不宰杀家畜也能够获取。

一般而言，宰杀家畜后只能获得一次产品，被称为初级产品，而即使不宰杀家畜也能够多次获得的产品被称为次级产品。在最初对羊或牛等动物进行家畜化驯养时，主要获得的是初级产品，但随着时间流逝，人类逐渐认识到一个事实，即不宰杀动物也能获得多种食品。摆脱原来只想获得肉类的方式，改变为尝试合理利用牛奶、羊毛以及家畜劳动力等生活方式，我们把这种方式的变化称为“次级产品革命”。之所以将其称为革命，是因为它给人类生活带来的改变非常大。

一个有趣的事实是，次级产品革命虽然对曾生活在亚欧大陆的人产生了诸多影响，但是几乎没能影响生活在美洲的人。原因之一是能够提供次级产品的动物在美洲为数不多。尤其是牛和马，它们在经历家畜化的同时还向人们提供劳动力，然而在当时的美洲却看不到牛和马。原因是在农耕开始之前，狩猎已经导致大部分牛和马灭绝了。亚欧大陆和美洲在农耕开始之后逐渐利用次级产品，在此过程中形成了截然不同的生活方式。

次级产品革命

考古学家戈登·柴尔德和安德鲁·谢拉特曾强调次级产品革命的重要性。他们认为，通过这一过程而产生的技术变化和发展对于理解人类社会至关重要。尤其是谢拉特，他强调称，这使人们不仅能获得肉类，还能得到牛奶和动物的毛等次级产品，而且可以利用家畜化驯养的动物进行牵引和运输。在这一过程中，技术得到了飞跃性发展。他在发掘安纳托利亚西北地区时曾发现一个器皿，在这个公元前 6500 年左右的器皿中，检测出了牛奶的蛋白质成分。这一发现很好地表明，当时人类为了饮用或保存牛奶，已经开始使用容器。

次级产品的应用和技术发展之间存在着紧密的联系。随着人类开始喝牛奶，使用动物的毛制作衣服，利用牛和马作为劳动力，人类的生活发生了巨大的变化。为了获得更多的产品，人类不断地发展技术。农耕开始之后，人类的生活变得更加复杂，而技术的发展是重要原因之一。因此，在大历史中，次级产品革命可以说是一个象征性事件，它从根本上展现了出现在人类社会中的技术发展。

在次级产品被应用的同时，人类发展和积累了各种技术，进而开始交换技术和知识。这种现象不仅使粮食产量增加，还通过商品交换改变了人类的生活方式，人类也得益于发达的技术而具备了更为复杂和多样化的生活方式。其结果是，人类社会中出现了前所未有的复杂形态，即城市和国家。

乳制品生产

次级产品使得人类的生活变得更加复杂，那么，让我们来更加细致地了解一下次级产品吧。即使不宰杀家畜也能够多次获得的最重要的产品之一是牛奶。据推测，人类最早开始喝牛奶可追溯至公元前 7000 年左右。在位于利比亚西部的塔德拉尔特阿卡库斯山脉中发现了一幅壁画，壁画上画着奶牛的图案。此外，在一同出土的陶瓷器皿中

塔德拉尔特阿卡库斯遗迹壁画

在塔德拉尔特阿卡库斯山脉的艺术遗迹中发现的壁画非常特别，壁画上画着奶牛。通过此壁画，能够推断当时人们已经开始饮用作为次级产品的牛奶

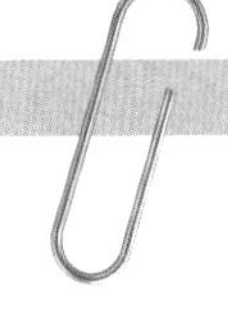

检测出了存在于乳制品中的脂肪酸，因而可推测人类当时已经开始喝牛奶。除此之外，在幼发拉底河河谷附近发现的壁画中也发现了牛奶的痕迹。在推测为公元前3500年左右的欧贝德壁画中不仅有牛奶，还有凝固的奶酪。

牛奶也出现在神殿的壁画之中。美索不达米亚的苏美尔地区供奉着很多神，其中最伟大的女神是宁胡尔萨格。在苏美尔神话中，宁胡尔萨格经常以母牛的形象出现，苏

宁胡尔萨格神殿的浮雕

宁胡尔萨格神殿位于现在的伊拉克南部地区欧贝德，神殿的浮雕中有人类挤牛奶的场景

美尔人也只给将来要继承王位的孩子喂神圣的牛奶。对他们来说，牛奶是女神为祝福人类而赐予的极为神圣的食物。宁胡尔萨格神殿的浮雕中有人类挤牛奶的场景，据推测，这些浮雕的历史可追溯至公元前 2400 年左右。

如上所述，在苏美尔，人们只给继承王位的孩子喂牛奶。由此可知，牛奶具有神圣虔诚之奶的意义。牛奶在其他宗教中也是一种神圣的食物。例如，《圣经》中把如今的地中海东部地区迦南描述为流淌着牛奶和蜂蜜的地方，此处的牛奶意味着人类服从神时能够获得的神圣食物。

印度教的经典《吠陀经》中记载了一个故事，为了得道而坚持苦行的释迦牟尼喝下了加入牛奶和蜂蜜的粥。

牛奶不仅是具有宗教意义的食物，而且被当作药物来使用。埃及人曾用牛奶来制药，在完成于公元前1500年左右的医学专业书籍《埃伯斯氏古医籍》中有相关记载。该书记录了875种药方和700多种药，在能够从动物身上获得的药材中提到了牛奶。

从公元前2000年左右开始，埃及的壁画中出现了用牛奶制作奶酪的场景，我们从中可以推断出埃及人已经很好地掌握了发酵技术。他们将牛奶发酵制成药水，这种药对治疗胃溃疡具有显著的效果。

众所周知，牛奶含钙量极高，因此在帮助儿童成长和预防老年人骨质疏松方面具有卓越的效果。此外，牛奶中不仅含有丰富的蛋白质，还有能够缓解压力和失眠的成分。可能大家也都听说过，当你睡不着的时候，可以喝一杯热牛奶。

最近，虽然一些科学家称喝牛奶会消耗更多的钙（牛奶中的蛋白质使血液酸化，为了中和血液中的酸性，会消耗大量的钙），但牛奶中均衡地含有蛋白质等多种成分。著名医师希波克拉底把牛奶称为完美的食品，英国首相丘吉尔曾强调称对未来最好的投资就是让孩子喝牛奶，这些赞美都是因为牛奶的功效。

除了牛奶，从牛那里获得的次级产品还包括奶酪，这是一种将牛奶凝固或脱水后发酵而成的食品。人类最初把包括牛奶在内的动物乳汁保存在木桶或由动物内脏制成的袋子中，但牛奶很快就变质了，据说人们在牛奶变质的过程中发现了牛奶块的存在，所以制作了奶酪。在波兰发现的过滤器上检测出了乳脂分子的存在，因此推测人类制作奶酪的历史可追溯至公元前 5500 年左右。

奶酪中含有丰富的钙和蛋白质，在撒哈拉沙漠这种炎热地带，为了使奶酪不易变质，人们制作出了含盐量高的硬奶酪，并通过这种方式摄取蛋白质和钙。在罗马，每天给军人分配等量的面包、奶酪、红酒和盐，奶酪是身处战场的军人获得蛋白质的重要来源。此外，一些信仰虔诚的人也通过食用奶酪来替代肉类，以此摄取蛋白质。

朝鲜半岛的牛奶

关于牛奶的记载在《三国遗事》中可以找到。《三国遗事》中记载“从牛那里获得乳汁的话，也会获得奶酪”，还提到只有包括国王在内的一部分贵族才能吃到用牛奶做的酪粥，以恢复体力。根据记载，高丽时代设立了名为乳牛所的牧场，由国家管理，朝鲜时代使用牛奶治疗患者或给体力差的患者喝牛奶粥。根据这些记录，我们可以得知，牛奶的大众化耗时很久。朝鲜战争后，作为美国的援助食品之一，韩国进口了脱脂奶粉，拉开了牛奶大众化的序幕。

19 世纪中期后，奶酪制作领域出现了革命性的变化，那就是法国著名科学家路易斯·巴斯德发明的低温杀菌法。在此之前，人们一直使用未杀菌消毒的牛奶制作奶酪，所以奶酪很快就变质了，还有很多人因食用奶酪中毒。但在使用巴斯德的低温杀菌法对牛奶进行加热后，能够去除细菌和霉菌等有害物质，人们可以吃到更加安全的奶酪。

除了牛奶和奶酪，人们从牛身上获得的次级产品还有黄油。黄油是一种乳制品，分离牛奶中的脂肪制成奶油，奶油凝固后就得到了黄油。最早开始制作黄油的是公元前 3000 年左右的巴比伦人，人们最初将牛奶放入皮革袋子中摇晃或猛烈击打，以制作黄油。后来随着技术的发展，出现了搅拌牛奶的机器和奶油分离器，黄油的产量也逐渐

牛奶和腹泻

并非所有人都能喝牛奶，有些人一喝牛奶就腹泻或腹痛。之所以会出现这种现象，是因为牛奶中含有乳糖这种成分，而一些人的体内缺少可分解乳糖的酶。研究结果显示，和白人相比，亚洲人体内的乳糖酶含量相对不足，可能是亚洲人和那些很早就开始规律地喝牛奶的人生活习惯上的不同造成的。

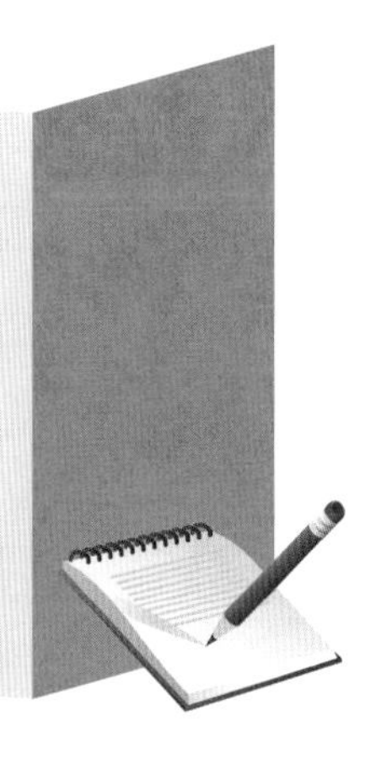

奶酪过滤器

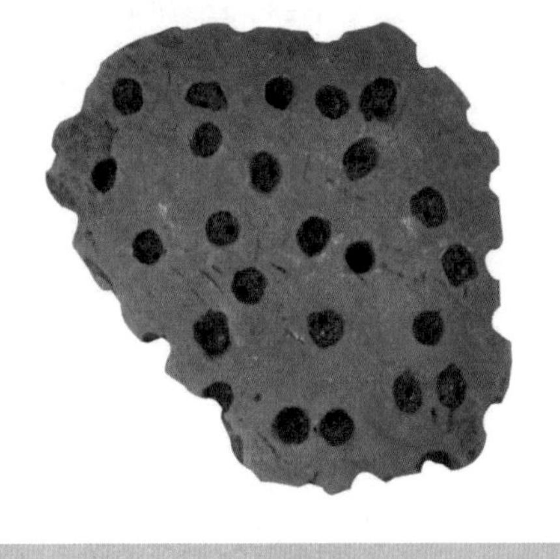

在波兰发现的用黏土制成的奶酪过滤器，利用打通的小孔来分离已凝固成块的凝乳和液态乳清

上升。

从大历史的观点来看，牛奶等乳制品是一种次级产品，即便不宰杀动物也能够获得。随着次级产品被充分使用，人类的生活发生了重大改变。与之前相比，人类能够摄取更多的蛋白质，为了获得更多的营养成分，多种工具和技术有了发展。不仅如此，牛和羊等动物的使用价值也得以提升，人类和动物之间形成了更加紧密的联系。从大历史的视角而言，牛奶和奶酪是理解人类和周边环境之间关系的另一把钥匙。

羊毛和毛织品生产

除了上述产品，人类不宰杀动物也能得到的次级产品还包括动物的毛。在寒冷的冬季，人类为了抵御严寒而穿着厚实的衣服，用羊毛、鸭绒、鹅绒等制作的防寒服极受欢迎。最早向人类提供动物毛的是羊，羊在公元前 8000—前 6000 年以西亚地区为中心被家畜化。公元前 1000 年左右，人类开始用羊毛制作织物。

羊毛在《圣经》中被视为重要的商品，羊毛洁白的颜色代表着慈悲。教堂中使用的披带是司祭在弥撒时裹在脖子和肩膀上的白色羊毛带子，因此羊毛不仅象征着教皇或主教的宗教事务或权威，还意味着对他人的失误或过错心怀慈悲的宗教宽容。

羊毛也曾出现在神话之中。在神话中，金羊毛神圣而稀有。希腊神话中的英雄伊阿宋接到叔父的命令后前去夺取被龙守护着的金羊毛。其叔父不仅想要获得金羊毛，还想借机除掉自己的侄子。叔父向伊阿宋提出若带回金羊毛，就将王位传给他，于是伊阿宋乘坐“阿尔戈号”踏上了远征之路，最终带回金羊毛，成为国王，“阿尔戈号”后来成为星座南船座。如上所述，《圣经》和神话中都出现了羊毛的身影，这明确地表明羊对于人类的重要性。

在很久以前，人们便使用羊毛来抵御酷暑、严寒以及雨水的侵袭。羊毛的特点是形态卷曲，因此体积感很突出，在被制成纺织品时，能够形成空气层，从而提升保温效果。世界上最早的毛织品是埃及在公元前 4000 年左右制作的，我们今天常常在冬季穿着用开司米绒制作的围巾或大衣。之所以叫作开司米绒，是因为这种羊毛来自一种叫作开司米的山羊。

若没有多种技术的发展，就不可能出现剪下羊毛制作成毛线和织物的行为。最初制作毛线的时候，是把羊毛放在手掌或两腿之间，反复滚动或用手掌搓捻，之后人们逐渐开始制造并使用多种工具制造羊毛产品。

“阿尔戈号”与金羊毛

这幅画描绘了搭乘“阿尔戈号”的伊阿宋携金羊毛返回的场景

古朝鲜时代就开始生产毛织品。随着青铜器文化扩散至朝鲜半岛全境，人们制造出了很多可提高生产效率的工具，其中最具代表性的是发明于公元前5000年左右的纺锤轮。纺锤是纺线时用来缠线的棍子，青铜器时代制造的纺锤轮中间有一个小孔，能够起到固定纺锤的作用。不仅如此，从公元前5世纪开始，人们还使用纺车来纺线。

在欧洲，毛织品产业最发达的地方是英国，因为国家培养和保护毛织品产业，所以在13世纪，英国成为全世界生产最多毛织品的国家。当时，利用羊毛制作毛织品的工具和技术开始发展，其中最具代表性的工具是梭子。梭子是一种木制工具，在编织织物时将其放在线团中，就能交叉纬线和经线进行编织。后期改良出了多种形态的梭子，编织织物的速度逐渐加快，毛织品的产量也开始增加。类似的技术发展使得毛织品产业后来成为英国最重要的产业。

牛和牛耕

除了获取肉食，人类合理利用动物的另一种方式是利用动物的劳动力。在人类历史上，长期充当劳动力的代表性动物有牛和马等。接下来，我们先来了解一下人类是采取何种方式利用牛作为劳动力的。

公元前7000年左右，牛在中亚和西亚地区开始被家畜化，而在朝鲜半岛，牛被家畜化的历史始于公元前200年左右。与其他被家畜化的动物相比，牛的块头更大、力气更大，因此在东亚地区，人们主要在农耕或杂活等方面频繁地利用牛的劳动力。

使用牛来耕地的行为叫作牛耕，全世界最早开始牛耕的国家是中国，亚洲的很多地区也都出现了牛耕这一现

梭子

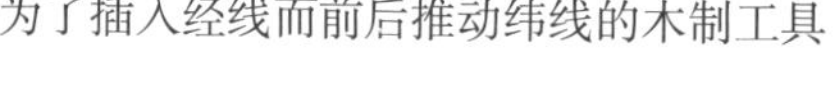

为了插入经线而前后推动纬线的木制工具

朝鲜半岛三国时代的牛耕

朝鲜半岛的牛耕始于三国时代。据《三国遗事》记载，在新罗第三代王儒理王时期，人们已经为开垦更广袤的农田而使用犁。《三国史记》中也有记录显示，公元438年新罗讷祇王在位期间，曾向百姓教授用牛拉车的方法。使用牛作为劳动力的行为与农业机械的发展之间存在着紧密联系。随着很多铁制农具和工具取代过去的石制或木制工具，登上历史舞台，利用家畜劳动力的行为迅速传播开来。

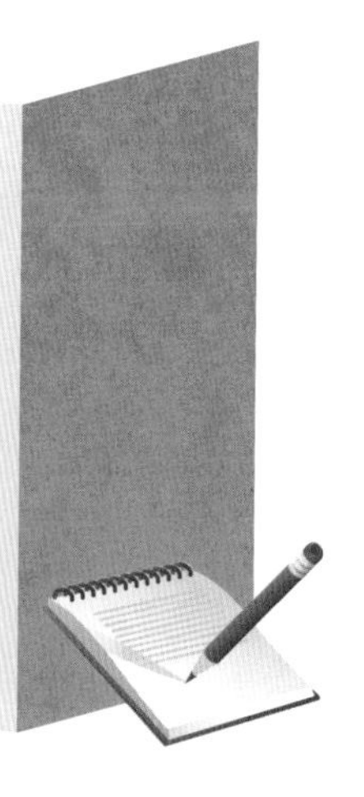

牛耕图

金弘道的画。画中可以看到牛拖着犁开垦农田的场面

象。在东南亚，人们在犁地或收割水稻后进行搬运时都会借助水牛的力量。使用牛作为劳动力，其工作量超过人类的 10 倍，因此极大地提升了效率和生产力。

使用牛作为劳动力的行为和生产力的提升之间具有紧密的联系。过去在耕地时使用的工具叫作犁，早期的犁和挖地的掘棒十分相似，后来为了使牛能够拖着犁耕种，在上面安装了把手，之后便广为使用。在埃及，自从使用犁

之后，农作物的产量增加了 50 倍以上。尤其是在使用铁犁耕种的现象还未出现时，合理地利用牛的劳动力，能够更轻松地干完农活。

人类为了充分利用牛的劳动力而开发了多种技术，除了上述的犁之外，还能从其他工具中看出这一点，比如轮子和板车。轮子最早于公元前 3500 年左右出现在亚洲，

苏美尔的轮子

苏美尔人曾使用的轮子。和今天的轮子不同，早期的轮子没有辐条。辐条起到支撑轮子的作用，随着用木头或金属制成的辐条出现，轮子的重量得以减轻，使板车或战车能够更快移动

后来传至周边区域，在苏美尔的象形文字中能够找到轮式雪橇。早期的轮子是用木头制作而成的，且没有辐条。公元前 2500 年左右，在曾是苏美尔代表城市的乌尔，人们就已使用没有辐条的板车。此后，人们开始在木头上钻孔制作辐条，最初轮圈用木头制作而成，后来逐渐演变为金属，也因此变得更加坚固。

板车的发明要追溯至公元前3000年左右的西亚地区，这是一个在平板上安装轮子来运输人或行李的工具。人们最早只在平板上安装2个轮子，之后逐渐发展为4个轮子。人们将轮子和板车结合起来，于是得以最大限度地利用牛等动物的力量。高句丽的舞俑墓壁画中出现了有15根辐条的板车，能够看出这种牛车是当时重要的运输工具，主要为贵族所用。

韩国在很久以前便开始使用碾子，这也是为了充分利用牛的劳动力而制造的工具，牛拉着置于石臼上面的石头，一圈圈转动就能将谷物碾碎。当谷物数量不多时，人们用石磨或石臼就能舂捣，但在碾磨大量谷物时，就需要更大的工具，因此制造出了碾子。事实上，碾子上磨盘和下磨盘所使用的石头是很难获得的，即便如此，因其能利用牛的劳动力一次性碾磨大量谷物，所以被广泛使用。在村子里，人们会共同使用和管理碾子。

如上所述，把牛的劳动力当作次级产品合理使用，效果比使用人力更为显著。随着大量的劳动能够在短时间内被完成，农耕也变得更加高效。人类在充分利用牛的劳动力的同时开始制造犁或板车等多种工具，这些技术的发展最终是为了获得更多的产品。从大历史的视角来看，充分利用牛的劳动力是一种重要的现象，极大地提升了生产力和效率。

碾子

利用牛的劳动力来转动石磨，能够碾碎大量谷物

马和战车

以次级产品的形式提供劳动力的另一种动物是马。在大约 5 000 年前，马开始被家畜化。当时最早驯养马的地方是亚欧大陆的大草原地区。在狩猎–采集时代，马主要用于食用，但从 4 000 年前开始，人类为了运输货物，开始利用马的劳动力。马匹牵引的力量被称为马力，这是测

定单位时间内做功量的标准之一，现在主要用于测定汽车的能量。马力这一单位一直被使用至今，从大历史的观点来看，这表明了马的劳动力对人类生活非常重要。

大草原地区

指位于西伯利亚和中亚的草原地区，如今也包括澳大利亚、俄罗斯和美洲的平原。大草原地区气候干燥，且多为临时降雨，所以大的树木无法生长，只有大量短草生长于此。这里旱季和雨季极其分明，生活在这里的人类主要过着游牧或放牧生活。

我们把马家畜化过程中产生的工具称为马具，基本的马具有马嚼、缰绳、轭、马鞍等等。马嚼是为了控制马匹而勒在马嘴中的铁制物品，缰绳是挂在马嚼上的绳子，轭是套在马肩上使其能够牵引重物的木制器具，马鞍是置于马背上使人更易骑乘的工具。公元前 4 世纪左右，斯基泰人最早开始使用这些马具。

随着技术的发展，更为复杂的工具出现了，那就是马镫。为了使人在骑马时更方便蹬踏，人们把马镫安装在马鞍上作为脚踏。

人类虽然在公元前 4500 年之前便开始骑乘驯化的马匹，但在发明马镫之前，骑马绝非一件容易的事情。据推测，马镫是中国北方的游牧民族发明的，其中认为鲜卑和匈奴发明马镫的观点更为有力。在马镫被发明之后，人们可以采用更稳定的姿势骑马，这对骑兵技术的发展起到了重要作用。在 302 年西晋时期制造的骑马俑中，能够发现

马镫

发现于新罗金铃冢之中的国宝 91 号（骑马人物形陶器），据推测为 6 世纪左右的新罗遗物，此陶器中也出现了马镫

现存最悠久的马镫的痕迹。

最初发明于亚洲的马镫后来被传至欧洲。随着马镫的出现，马上的骑手能够和马融为一体，也得以自由地使用矛或刀等兵器，这使得骑马战术取得了创新性的发展。与步兵相比，骑兵能够更高效地投入战争。然而，准备马匹和马具需要相当高的费用，所以训练骑兵导致了严重的财政负担，骑兵逐渐由特定阶层来承担。

在积极使用马的劳动力的地区中，埃及、亚述和罗马没有马镫，但在这些地区，人们通过制造马车使用马的劳动力。在被家畜化驯养的动物中，马的身躯较为庞大，而且能够以时速 60 千米的速度快速奔跑，非常适合运送人或货物。马车在公元前 2000 年左右出现在以西亚地区为中心的区域，此前被用于军事领域的战车开始用于运输货物，并得到改良。特别要说明的是，这和制造车轮技术的发展之间存在密切关系。

如前文所述，人类从公元前 3500 年左右开始使用轮子。美索不达米亚地区把轮子安装在战车上使用大约发生在公元前 3000 年，该地区的战车轮子是用木头制造而成的，连接在战车的固定轴上，没有辐条，通常使用四个轮子。此后，战车扩散到了很多地区，公元前 2000 年左右，埃及人使用了有辐条的战车，最初美索不达米亚地区的苏美尔战车是装有四个轮子的四轮战车，但埃及的战车是装有两个轮子的两轮战车。四轮战车较难转向，又比较沉重，因此机动性很差。

作为在战争中使用的代表性战斗用马车，两轮战车不仅在赫梯和埃及被使用，在过去一直使用四轮战车的苏美尔也被使用。当时，两轮战车是评价军事力量的重要标准。

在和游牧民族喜克索斯人发生战争后，埃及开始使用马拉战车。在此之前，埃及人仅把马作为食用对象，他们在战争中输给了积极利用马的喜克索斯人。喜克索斯人是

乌尔的四轮战车和埃及的两轮战车

在乌尔遗迹的壁画（左侧）中，能够看到没有辐条的四轮战车、身穿披风与戴头盔的步兵，这可被视为当时就已存在组织化的军队和多种战争工具的依据。埃及使用的有辐条的两轮战车（右侧）比乌尔的四轮战车形态更合理，机动性更高

生活在埃及东北地区的闪米特人和亚洲人的混合群体，他们在公元前 17 世纪使用马征服了埃及并进行统治。他们引入马拉战车从而在战争中获胜，喜克索斯人也是世界上最早在战争中使用战车部队的民族。在此之后，埃及人受到喜克索斯人的影响，开始训练马匹用来牵引装有轮子的战车。

在埃及，人们十分关注如何减轻战车的重量，所以尝试把驱赶战车的马夫置于靠近战车中轴的位置，以此掌握重心，提高稳定性。此外，他们在车轴上套了金属板，将战车打造得更加稳固。在埃及，战车拥有 6 根辐条，用于运输的马车只有 4 根辐条。他们深知，辐条越多，车子越牢固。埃及人研发的具有多根辐条的战车不仅被用于战争，而且被用于法老的狩猎活动。

公元前 5 世纪，为了传达皇帝的命令，波斯开始使用马匹。当时的波斯是一个疆域辽阔的帝国，统治区域覆盖现在的伊朗直至印度，因此使用多匹马接力传达皇帝的命令。这种使用马匹传达命令的制度是一个拥有广袤国土的帝国所必须拥有的制度，蒙古帝国也使用过这种制度。在顺利地完成征服战争之后，为了运送贡物，蒙古整顿了驿站这个巨大的交通网。据说在蒙古的首都哈拉和林与众多城市之间，每 30 千米设置一个驿站，当时共设置了 37 个驿站，每天进入哈拉和林的车辆有 500 辆之多。随着帝国领土的扩张，驿站的数量也随之增加。

使用马的劳动力之后，我们的生活发生了很多变化，其中最大的变化就是运输。与其他家畜相比，马能够快速地运送人或物品。随着马被人类使用，多种马具、战车甚至战争技术都得到了发展。此外，人们将很多地区联系在一起，在此过程中形成了复杂广阔的联络网，帝国这一新的现象正是凭借这些变化登上了历史舞台。

如前文所述，人类最初是为了获得肉类而对很多动物

进行家畜化，但随着人类认识到即便不宰杀动物也能够充分利用它们的次级产品，即牛奶或动物毛、动物的劳动力等，家畜化的方式就变得截然不同了。对次级产品的充分利用给人类的生活方式带来了诸多变化，不仅仅是饮食习惯的改变，还包括为了更加有效地利用次级产品而实现的技术和工具的革新。

此类现象在不同地区各不相同，虽然亚非欧地区的人们积极地利用马或牛等大型家畜的劳动力，但是在美洲，人们却没能很好地利用，原因并不是美洲没有马。通过化石，我们得知美洲也有马。因为在狩猎–采集时代，美洲的人们已经捕食了大部分的马，所以能够被用于物品或人员运输的动物充其量是美洲驼而已。马每小时能够奔跑 60 千米，但美洲驼一天只能前进 25 千米，所以美洲人在利用家畜的劳动力上存在局限。其结果是，美洲在建设城市或修建宏伟的建筑时，不得不把人类作为最重要的劳动力。

朝鲜半岛的驿站制度

朝鲜半岛自三国时代开始就出现了驿站制度，这是中央集权国家登上历史舞台后为了有效统治各个地区而制定的制度，被视为在进行领土扩张的同时整顿和确立地方行政区域的过程中出现的产物。在高丽时代，朝鲜半岛曾受蒙古帝国统治，当时运行的驿站制度以马为工具。驿站主要被用于执行公务或运送阵亡人员，以及接纳贡物或传达报告等。除此之外，驿站还被用于迎接和接待外国使臣。相邻的两个驿站之间距离约为40千米，且有专门的人员被派到驿站工作，他们的主要职责是管理驿站的道路和驿站中使用的马匹。

为了让执行公务的人员能够利用驿马，会授予他们证明，即马牌。马牌最初是用木头制成的，后来改为铁制或铜制。马牌为圆形制品，其中一面记录着年月日以及管理官员符牌（兵符和马牌）的机构尚瑞院授予马牌的相关内容，另一面则刻着不同的等级能够

朝鲜时代的马牌，暗行御史持有的马牌（左侧）一般刻有三匹马。领议政持有七马牌，而王室则为十马牌。马牌的一面（右侧）记录着国王统治时期的年号、年月日以及发放马牌的机构尚瑞院的发放详情

使用的马匹数量。在朝鲜时代，设有暗行御史一职，用来监察有过错的官员，马牌也被当作证明暗行御史身份的工具，暗行御史的马牌上一般刻有三匹马。

农耕时代的全新复杂性

权力与阶级

距今约 1 万年前，农耕时代正式开始，自此人类的生活中出现了诸多变化。人类在驯化周边植物和动物的过程中开始对自然环境产生影响。随着这一过程反复进行，很多前所未有的技术得到开发，出现了全新的变化和创新。从大历史的观点来看，恒星和元素被创造时，很多种因素和“黄金条件”相碰撞，从而出现了复杂性。与此相同，在农耕登上历史舞台之后，人类社会中也出现了前所未见的全新层面的复杂性。下面，我们就具体了解一下农耕开始之后人类社会中出现的复杂性，并对这些复杂性具有的意义和重要性进行探究。

剩余产品和私有财产

随着约 1 万年前农耕的开始，人类社会中出现的重要变化之一是剩余产品的增加。剩余产品是指人类在维持自身生存所需之外生产的产品。在农耕时代之前的狩猎-采集时代，剩余产品并不存在，因为每当迁徙时，人们都要带走自己的全部所有物，所以他们无法积蓄物品或粮食，但他们会共享打猎所需的刀、矛和网等工具。

在狩猎-采集时代，食物也是共有的。当时，人们可能有时得到的食物超出预期，但也有一无所获的时候。受这种不规律性的制约，人们不得不共享食物，因为若某个人坚持自己独享肉类或谷物，其他人就得忍饥挨饿。

如上所述，在狩猎-采集时代，人们受气候和环境的绝对影响。但自从农耕开始之后，通过作物化及家畜化等驯化行为，人类可以获得更多的粮食，甚至超过了自身所需的数量。对于农耕时代的人类来说，开始出现满足生存所需之外的剩余产品，保存剩余食物的方法也随之登场，其中之一便是陶器。陶器是为了储存多种谷物而制造出的器具，通过陶器，我们可以将剩余产品的增加和陶器制作技术的发展置于同一脉络中进行理解。

随着陶器制作技术的进步，人类社会中出现了更多的剩余产品，而且即使收获的粮食远超自身所需，人类也不用再担心粮食的储存问题。人们将剩余的粮食储存在陶器中，需要的时候随时取用，而且还出现了储存谷物或水果的种子，等到春天进行播种从而获得食物的农耕技术。在此过程中，人类社会中诞生了决定由谁来分配剩余产品的全新的社会秩序。

从周边环境中获得生存所需的食物的狩猎–采集时代也存在等级秩序，这种等级秩序主要根据年龄或性别，因此年迈的爷爷或奶奶在族群中是最德高望重的人物。

今天，我们通过众多科学依据得知了“宇宙在137亿年前诞生”的大爆炸宇宙论，但在过去，群体中最受尊敬的爷爷或奶奶讲述的故事中，包含着有关世间万物起源的相关内容。

这类故事解释了宇宙是如何开始的，但也表明了人类社会的知识和技术是依靠在经验中积累智慧的人们而不断取得进步的。最终，在一个关系相对平等的社会中，老年人的经验和建议发挥着等级秩序的作用。

然而，农耕开始之后，过去相对平等的群体构成人员之间的关系急剧变化。随着剩余产品的增加，出现了一些不从事农耕的人员，也开始出现拥有较多私有财产的人。此时，与智慧贤明的人相比，拥有更多粮食、农具和武器的人在社会、经济和政治上占据了更高的地位，新形态的等级秩序从此登上了历史舞台。剩余产品和私有财产导致了权力分化，在这一过程中，群体中开始划分出得权者和未得权者。

这种权力分化的现象围绕着农耕开始后出现的剩余产品分配问题而日渐加剧，全新形态的复杂性，即权力的分化登上了舞台。在农耕开始之后，我们把掌握粮食分配大权的人称为统治阶层。农耕伊始，群体的规模较小，剩余产品的数量也微乎其微，因而统治阶层的人也寥寥无几，但随着人口急剧增加、剩余产品快速增加，不直接从事农耕的统治阶层人数激增。

农耕开始之后，为了获得更多的产品，人们发展了多种技术，使得粮食产量不断攀升。然而，比粮食产量增加更重要的一点是，通过剩余产品的出现而产生的新形态的资源和能源的再分配。与狩猎-采集时代不同，农耕开始后，粮食产量增加至可以满足全部人所需的程度，随之产生了剩余的粮食由谁处理、如何处理的重大问题。

我们经常使用特权阶层这一用语，特权是指被个人或集体所承认的特别权力。在今天的社会中，特权和权力之间具有紧密的联系。权力是能够强制某人去做某事的能力，尤其是在很多情况下，经济富裕的人也享受着政治或文化上的优待。因为在今天的社会中，财富和权力之间的联系十分密切。

粮食很多，
大家排好队！

农耕出现之后，在剩余产品的积累和再分配过程中，产生了类似于今天的特权阶层所享受的权力，这也算是人类社会最初的权力。在今天的社会中，人们用金钱来衡量财富和权力，而农耕社会也与之类似，粮食是衡量财富和权力的标准。随着粮食不断累积，曾经万物共享的平等社会逐渐产生了变化。

与剩余产品累积一同出现的复杂的社会变化有很多，其中之一便是私有财产的诞生。私有财产是个人拥有的财产，不属于集体所有。从 137 亿年前宇宙诞生到农耕开始之前，包括人类在内的地球上的多种生命体共享众多事物。然而，到了大约 1 万年前，随着农耕的开始，曾经共同享有土地、工具、武器的社会逐渐演变为一部分人拥有更多粮食和工具的社会。

在这一过程中，拥有更多剩余产品的人成为社会的特权阶层，即领导者。如果说狩猎–采集时代的领导者是拥有智慧的年长者，那么农耕时代的领导者则是拥有更多私有财产的人。我们可以从多个方面来观察这种变化，其中之一是陪葬品。陪葬品是埋葬尸体时被一同放入墓中的物品的统称。在农耕开始前 5 万年左右，中亚地区的人们就把山羊、猪等动物，以及首饰等物品一同埋入墓中。据推测，这种坟墓是当时在群体中备受尊敬的领导者的坟墓。这些人随着年龄的增长而越发睿智，因而受到其他人的尊敬。

而在农耕时代开始之后，随着剩余产品的增加，拥有大量私有财产的人也开始在墓中埋入陪葬品。初期，他们在墓中埋入农耕生活中极为重要的农具和武器，这原本是群体共同拥有的物品，后来逐渐变成了拥有大量私有财产者的个人物品。一些人掌握着人类生活所必需的工具，他们的权力和力量开始逐渐增大，成为农耕社会的领导者。不同于过去的狩猎–采集时代，农耕时代的领导者是由掌握大量私有财产的人担任的。

祭器

距今 7 000 年前的中国，用玉制成的礼器，仅出土于拥有财富或权力的人的墓中

随着时间的推移，领导者的性质发生了变化，以私有财产为基础的权力逐渐趋于稳定，墓中的陪葬品也有所改变。一些只有拥有大量财产和权力的人才享有的装饰品或奢侈品得以出现，代表性的有用玉石做成的装饰品。玉的使用始于 7 000 年前左右的中国，被用作祭祀、装饰和雕刻等。

美洲的原住民也将玉制作成饰品或象征阶级的徽章等

物品，尤其是玉和金子一样不易变质，且是难得的稀缺物品，所以在漫长的时间里，玉都是权力和财富的象征。因此，通过玉制的陪葬品，我们能够得知农耕开始之后剩余产品和私有财产不断增加的事实。

在剩余产品增加的过程中，私有财产也随之出现，过去维持着平等关系的成员之间开始出现不平等现象。在农耕开始之前，当时的群体一起打猎、采集，并将收获的粮食共同分配，有福同享，有难同当。然而，1 万年前农耕开始之后，随着剩余产品的增加，人群之间出现了贫富之分，拥有更多工具和产品的人开始对群体产生影响，且这一过程不断加剧。

神职人员、工匠、军人

农耕开始之后，人类的生活中出现了诸多变化，但并非所有人都选择了农耕这种生活方式。虽然很多学者强调农耕的开始是影响全世界的重大事件，但依然有一些人延续着狩猎-采集的生活方式。这些人过着迁徙的生活，随着季节的变化四处寻找食物。其中一部分人带着羊、牛等家畜一同移动，一段时间过着定居生活，而另一段时间又四处迁徙。

此外，在农耕社会中也出现了一些并不从事农耕的人，这得益于剩余产品的增加。在群体中，即便不是所有成员都从事农耕，也能够养活所有人。在此过程中，出现了不从事农耕而从事其他工作的人。换句话说，随着剩余产品的增加，农耕社会中出现了社会分工。而不从事农耕的人也不全是延续着狩猎–采集生活方式的那些人。

在农耕社会中，不从事农耕的代表性人员有神职人员、工匠、军人等。过去，神职人员是在神和人之间起调节作用的角色，早在基督教、佛教、伊斯兰教等宗教出现之前，人们就对创造并统治世界和人类的绝对存在——神十分重视。我们把宗教出现之前充当神的中间人的人称为巫师。

人类关注超自然存在的事情可以追溯到狩猎–采集时代。从西班牙的阿尔塔米拉洞窟壁画和法国的拉斯科洞窟壁画中，我们可以得知，早在狩猎–采集时代，人们就刻画了多种动物的图形，以祈求富足的生活。在农耕时代，天气和气温等环境因素决定着谷物的长势及收成，因此人们通过多种仪式来祈求收获更多的粮食，巫师就是在仪式进行时向神转达人们的期望和心愿的媒介。

在农耕社会中，最重要的崇拜对象是太阳，因为人类为了获得更多的粮食和能量而更高效、更集中地使用太阳能，而农耕就是在此过程中产生的技术进步的结果。在农耕时代，为了获得更多的粮食和剩余产品，需要准确地掌握季节的变化，因为要决定何时播种、何时收获。因此，在农耕社会，人们仔细观察太阳的移动。在东亚地区，人们使用兼顾太阳和月亮运行的二十四节气来掌握季节的变化。

在农耕社会中，人们不仅观察太阳的运行，还将太阳奉为神灵，因为人们认识到太阳是影响农耕的重要因素。所以，巫师在农耕社会中起到至关重要的作用，他能将人类祈求丰收的愿望转达给神灵。人们建造了祭祀太阳神的处所，目的是预测太阳神的意图，并做好应对。巫师必须一直向神祈祷，自然没有从事农耕的时间。随着剩余产品的累积，巫师即便不从事农耕，也比群体的其他成员更重要。随着时间的推移，巫师开始成为群体的权威。

除了神职人员，还有一类人也是群体的成员，他们不从事农耕，而是做其他工作，能够得到农耕社会的剩余产品，这类人是工匠。一般来说，工匠是指制作物品的人。公元前 7000 年前后，在约旦河西岸的杰里科地区，选择农耕这一生活方式的人们形成了一个小村落。在该遗址中发现了很多物品，其中之一便是黑曜石。黑曜石被劈开后会形成锋利的表面，因而自狩猎–采集时代起就是制造工具的重要材料之一。但是，发现于杰里科地区的黑曜石并不出自本地区，而是 1 000 千米外的加泰土丘地区。

加泰土丘是当时最大的交易中心。交易自狩猎–采集时代便已存在，最初始于为获得自身所需物品而进行的物

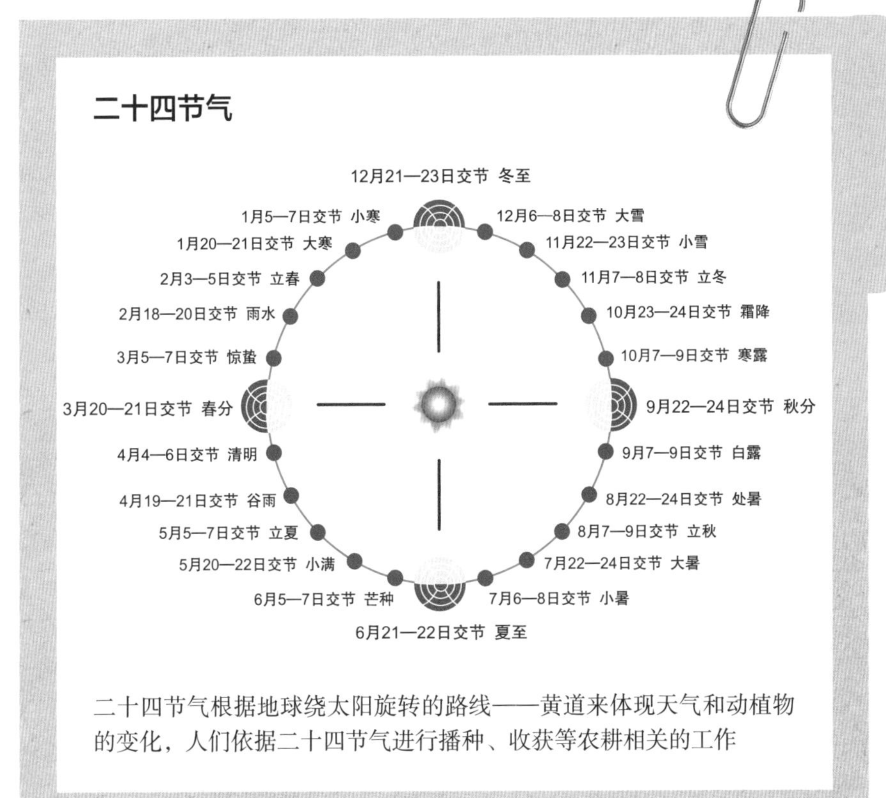

二十四节气根据地球绕太阳旋转的路线——黄道来体现天气和动植物的变化，人们依据二十四节气进行播种、收获等农耕相关的工作

物交换。加泰土丘通过与其他地区交易黑曜石积累财富，从加泰土丘转至杰里科的黑曜石，不仅原材料本身被交易，而且被工匠加工成多种形态的商品进行交易。黑曜石主要被用作工具或武器，然而在南美地区，黑曜石也被用作镜子。随着剩余产品和交易的增加，不从事农耕工作而为群体成员制作必需品的人员数量也与日俱增。

除了神职人员和工匠，还有一类人也不从事农耕，那就是在共同体的形成和维持方面起到重要作用的军人。众所周知，军人的作用是维持共同体的秩序、获得领土、参与战争等。战争是利用军事力量达成自身目的的行为。在农耕开始之后，随着剩余产品的增加，人们为了获得更多

太阳神拉

我们最为熟知的太阳神是埃及的太阳神拉。在埃及神话中，拉从混沌的海洋中独自诞生，通过光芒创造并引领世界。此外，拉还象征着世界本身，因此是埃及的众神之王。随着包括人类在内的多种生命体被创造出来，拉认为需要一个统治者来管理人类，便化为人形，成为法老。因为这种神话上的信仰，当时的人们都认为法老拥有至高无上的权力。

埃及神话中的太阳神拉。在人们看来，拉象征着王权，同时保护法老，因此对拉的崇拜意识逐渐加强

黑曜石

黑曜石是火山活动时形成的岩石，它和石英的成分相同，是一种天然玻璃。在缺乏金属的时代里，黑曜石因其锋利的切面而被用作武器

产品、劳动力和资源而发动了战争。

战争不仅爆发于农耕村落之间，也爆发于农耕村落和狩猎-采集群体之间。大约 1 万年前，农耕开始之后，农耕村落和狩猎-采集群体之间形成了多种碰撞和联系。因为彼此的生活方式各不相同，所以农耕村落和狩猎-采集群体都需要得到自己不生产的物品。在和平时期，他们之

间会进行交易，但在和平被打破的时期，他们之间也会爆发战争。由于这种状况反复出现，因此在农耕社会中，能够维持社会安定与和平的军人的作用日趋重要。

农耕时代初期，村落的规模非常小，上文提及的杰里科和加泰土丘地区的全部人口不过五六千名而已。在小规模的村落中，从事农耕的人和不从事农耕的人之间的区分并不明确。但是，在人口剧增之后，村落的规模日益扩大，全新形态的复杂性也随之产生，群体人员之间出现了社会分化和分工。

当然，社会分工现象在狩猎-采集时代就已存在。为了获得生存所需的食物，男性打猎，女性则采集水果和谷物。此外，还按照才能和能力来决定一部分人制作物品，用作工具或首饰。但是，农耕开始之后，随着剩余产品的增加，开始出现完全不从事农耕的成员，也迅速产生这种社会分化现象。

最终，社会变得更加复杂，从事农耕和不从事农耕的成员之间产生了密切联系。从事农耕的成员拥有剩余产品，他们养活了不从事农耕的成员，而不从事农耕的成员则会给从事农耕的成员制作必需的物品或提供服务。从根本上来说，这种社会分工源于剩余产品的增加。而在大历史中，这是农耕开始之后产生的复杂性之一。

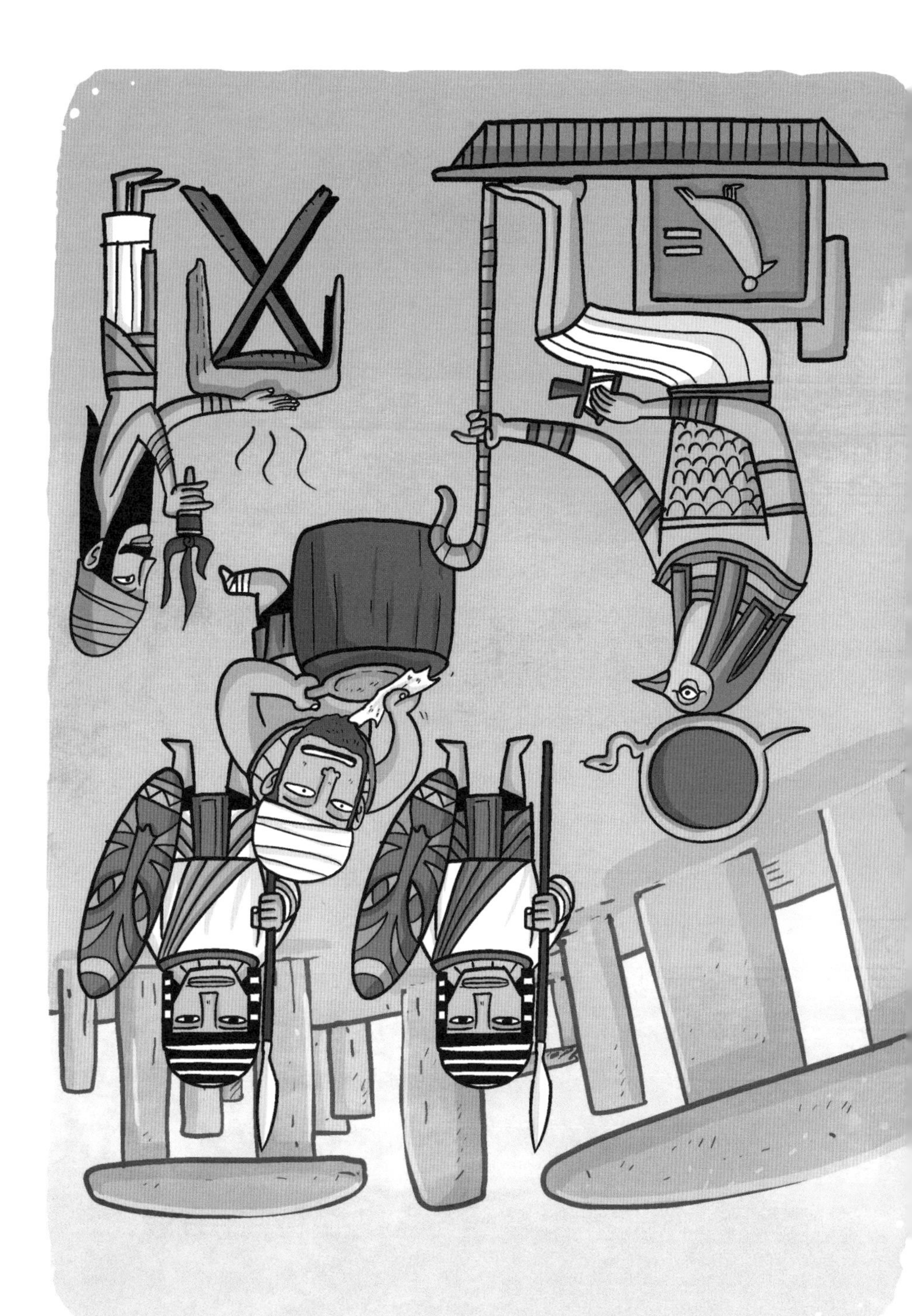

法官与官员

随着农耕中获得的剩余产品逐渐累积，共同体的规模也开始急剧扩大。然而随着共同体规模的扩大，许多人无法继续维持平等和平的关系，人类社会中的纠纷和矛盾与日俱增。最后，人们为了解决这一问题，不得不借助规则或政策的力量，法官就是在这一社会状况下出现的。

最初的法官可能是在人们之间起到调解矛盾纠纷的作用，但是随着时间的推移，共同体规模逐渐扩大，社会复杂性也随之增加，出现了多种形式的矛盾。在这种情况下，法官不得不制定出普遍适用于共同体全部成员的规则和规范。这些规则和规范通过口口相传流传下来，随着数量逐渐增加，之后被记录为文字。最终，那些能够读懂文字记录的规则内容的人掌握了新形态的权威，并成为共同体的统治阶层。

现存最古老的法典是《乌尔纳姆法典》，制定于公元前 2100 年左右的苏美尔地区。它被刻在泥板上，除序言外有 29 条条文，部分内容如下所示：

第 01 条　判处杀人者死刑。

第 02 条　判处偷盗者死刑。

第 18 条　伤人眼者，需付银二分之一迈纳。

第 21 条　伤人鼻者，需付银三分之二迈纳。

迈纳

巴比伦和苏美尔的货币单位，1 迈纳相当于 60 舍客勒，60 迈纳相当于 1 塔兰特。

有没有觉得泥板上刻着的这些法律内容有些熟悉呢？是的。苏美尔的法律和巴比伦帝国的《汉穆拉比法典》内容十分相似。《汉穆拉比法典》于公元前 18 世纪被制定，它强调“以眼还眼，以牙还牙”，如何遭受伤害就要如何报复，这样才能切实地实现平等。在《乌尔纳姆法典》被发现之前，人们认为《汉穆拉比法典》是世界上最古老的法典，但随着《乌尔纳姆法典》被发现，我们能够推测《汉穆拉比法典》也从中受到了很多影响。

《乌尔纳姆法典》和《汉穆拉比法典》中使用的楔形文字是世界上已知最古老的文字，该文字于公元前 3000 年左右由苏美尔人创造，从原来的象形文字发展而来，单词或意义与文字之间存在着相互关联性，形成了对应关系。楔形文字一般被刻在泥板上，书写时使用芦苇或树枝制成的尖锐工具。随着共同体的规模逐渐扩大，贸易得到发展，不仅是法律条款，连收据、交易明细、物品清单等内容都被记录了下来。

并非所有农耕村落成员都能使用文字。在今天的韩

《乌尔纳姆法典》与《汉穆拉比法典》

现存最古老的法典《乌尔纳姆法典》（左侧）和受其影响制成的《汉穆拉比法典》（右侧），作为体现报应主义的法典而闻名于世

国，小学教育和中学教育被规定为义务教育，因此韩国的识字率高达97.6%，从全球范围来看都是很高的水平。然而直到20世纪初期，全球范围内能够读写文字的人所占的比例都不是太高，由此我们能够推测，在农耕开始之后，形态复杂的共同体形成伊始，能够识字的人更是寥寥无几。

除了法官，能够识字的另一类人便是官员。随着剩余产品的累积和共同体规模的逐渐扩大，具备经济实力的权

这是此次新到物品的清单。

力结构出现了。在这一结构中，需要新的阶层来积累并管理财富，这一阶层就是官员。这一时期的官员主要充当会计和行政角色，他们的作用是决定并征收税金来积累财富，确定如何使用财富和资源并加以实行。随着人口增加和共同体规模的扩大，那些通过文字来管理整个共同体的人员的作用也变得越发重要。

因此，识字的能力就成了能够同共同体的其他成员区分开来的能力。这种能力使得人们得以从事特定的职业，也成为决定他们能否变成权力阶层的重要因素。因为法官和官员能够识字，所以逐渐成为社会的特权阶层，有权管理和再分配农耕者生产的剩余产品。

城市和国家的发展

为了获得更多的产品，人类在技术进步上付出了很多努力，使得从家畜或农作物那里得到的粮食产量激增。这养活了更多的人口，从而形成了特权阶层。随着共同体规模的不断扩大，人类建立了城市和国家。

城市和国家之间不存在明确的划分标准，但一般来说，城市是指出现了复杂形态的劳动分工的大规模共同体，而国家则是指系统的、制度化的、伴随着强制权力的共同体。农耕开始之后出现的城市和国家都具有我们在大历史中所讨论的极具代表性的复杂性。

人类历史上最早出现城市的地方是苏美尔，从今天的伊朗西南部地区移居而来的人们在苏美尔定居后开始了农耕生活。在公元前 3000 年左右的苏美尔地区，从事农耕的人养活着不从事农耕的人，这是因为随着剩余产品的增加，出现了社会分化现象。苏美尔地区之所以出现城市，是因为农耕以及农耕所导致的剩余产品的增加。尤其是苏美尔人大量种植小麦和大麦，同时还生产许多牛奶、黄油、奶酪等家畜的次级产品。

随着剩余产品的增加，苏美尔地区的阶级和权力分化现象进一步加剧。这一时期，苏美尔地区有很多城市，其中具有代表性的一个是乌尔，《圣经》中也提到这里是亚伯拉罕的故乡。在特权阶层中，国王具有至高无上的权力，维持着纵向的等级秩序。随着多种交易的蓬勃展开，乌尔的经济繁荣程度在众多城市中首屈一指。

在乌尔，有一种被称为金字塔的巨型建筑物。据推测，该金字塔为公元前 2100 年左右的建筑，使用晒干的砖块或烧制的砖建造而成。通过金字塔，我们能够清晰地了解到一个事实，即在这一时期的苏美尔地区，剩余产品的累积造成了阶级和权力的分化。当时乌尔的最高权力者是国王，据推测，国王同时也充当神职人员。随着剩余产品的累积，出现了全新的权力阶层，他们通过识字和知识

乌尔的金字塔

该金字塔由砖块建造而成，主要发现于美索不达米亚地区。据推测，该建筑主要被用于宗教仪式。目前已发现的金字塔有 25 座左右

积累来为国王服务，国王也利用法官等新的阶层来巩固自己的权力。

金字塔在苏美尔语中是“高处”的意思。为了建造这种大规模的神殿，需要大量的劳动力，就像埃及金字塔一样。因此，乌尔的金字塔表明，当时已经存在某种能够强行动员大量劳动力的权力，而倘若没有剩余产品的累

积，这种行为是不可能出现的。这也说明，金字塔是国王为了维护和显示自己的权力而建造的象征性建筑。

在城市和国家的发展过程中，形成了更多的交易网络，也出现了更多的人际关系，最终使得权力分化进一步加剧。在人类社会的一边，出现了富有且掌握着巨大权力的统治阶级，而另一边则是贫穷且没有任何权力的阶级。同时，这两者之间的差距也开始逐渐扩大。历史学家威廉·麦克尼尔把这种统治阶级称为“巨寄生”，就像引发疾病的病原体在人或动物体内寄生一样，统治阶级通过剥削农民来巩固财富和权力。围绕权力出现的种种不平等和农耕一样，都具有人类社会中出现的全新形态的复杂性。

农耕开始之后，剩余产品不断累积。在此过程中，人类社会的分化加剧。一些不从事农耕也能经营好自身生活的专家群体登上历史舞台，与此同时，财富和权力开始集中于特定阶层手中。权力阶层为了获得更多的剩余产品，开始利用多种方式剥削农民。如果说 1 万年前开始的农耕是为了获得更多食物的话，那么这一时期出现的各种努力则是为了获得更多的剩余产品。城市和国家相继出现，人类历史发生了诸多变化。在此过程中，为了积累财富和权力，农耕的技术变化也随之产生。

巨石阵

巨石阵位于英国威尔特郡索尔兹伯里平原，由80余个巨型石柱组成。这些石柱由页岩和青石这两种岩石构成，按照同心圆的形状被放置，人们将内侧圆称为青石圈，外侧圆称为页岩圈。这些巨石阵最初始于在地上挖坑后插入的小型石头，公元前2800年左右，页岩圈外立起了名为山岩的大型石头，公元前1500年左右，又建立了三石塔，形成了巨石阵今天的形态。

关于巨石阵的用途，人们提出了多种说法，其中之一是6世纪著名的魔术师梅林的说法，他认为人们为了纪念死者而建造了巨石阵。一部分人主张巨石阵的石头是从爱尔兰运来的，同时称这里的人们曾进行崇拜梅林的仪式。

巨石阵有着能够表明特定时间的构造，罗马历史学家狄奥多罗斯·西库路斯主张，巨石阵是为了给每19年到访此处的太阳神举行祭祀活动而建造

英国的巨石阵

的。这种说法完美地体现了农耕时代的人们对最重要的神——太阳神的崇拜。

与此同时，还有一些主张称巨石阵是进献祭品的牺牲台。巨石阵形如祭坛，人们将祭品放置在巨石阵的长条石上，将其宰杀后供奉给神灵。然而，近来有人提出主张称形如祭坛的石头是巨石阵的石柱倒塌形成的，这使前一种说法失去了可信度。

曾任波士顿大学天文学教授的杰拉尔德·霍金斯1965年在自己的著作中提出，巨石阵是为了预测太阳和恒星的运行而建造的天文台，最近很多学者赞同霍金斯的这一主张。但至今为止，关于巨石阵的功能和作用仍没有定论。

工业化之前的农耕

截至目前，我们对大历史的重大转折点，即从狩猎–采集时代转向农耕时代的过程进行了研究。人类向农耕时代的跨越源于生产方式的变化，这种变化极大地改变了人们的生活。大约 1 万年前，人们开始了农耕，此后随着剩余产品的累积，阶级和权力开始分化，城市和国家逐渐形成，人类的生活方式也与过去的狩猎–采集时代截然不同。这里需要注意的是，在过去的 1 万年间，人类使周边的动物家畜化，并使植物作物化。与此同时，人类还制造出多种工具，以提高生产量，并利用家畜的劳动力不断发展农耕技术。下面，我们就来共同了解一下工业化之前人类为了实现利益最大化而带来的农耕的变化。

人口增加与耕地扩大

公元 10 世纪到 14 世纪，欧洲的农耕方式发生了急剧变化。为了获得更多的剩余产品，人们制造了崭新的农耕工具，耕种的方式也和过去有所不同。同时，人们还种植了新品种的农作物，并开始利用全新的劳动力。在这些变化产生之前，欧洲主要通过二圃制的耕作方式种植大麦和黑麦。二圃制是一种将土地分为耕地和休耕地从而轮流进行耕种的方式。若在耕地上种植大麦或黑麦，则在休耕地上种植牧草用以饲养家畜，家畜的排泄物又可作为肥料来恢复土壤的肥力。

从 9 世纪开始，欧洲的人口急剧增加，10 世纪到 14 世纪，欧洲的人口增加了三倍以上。这与当时的气候变化密切相关。一般认为，950—1250 年，地球迎来了又一温暖期，平均温度比现在高出 1~1.4 摄氏度。此前我们已经提到，农耕之所以能够出现，首要的“黄金条件”是全球变暖。大约 1 万年前，气温逐渐上升，开始出现新的动物和植物，与此同时，人口也快速增加，这一现象在 10 世纪到 14 世纪再度出现。

为了解决人口急剧增加的问题，人类开始了开垦工作，以获得更广阔的耕地。荒地开垦工作与农耕工具制造

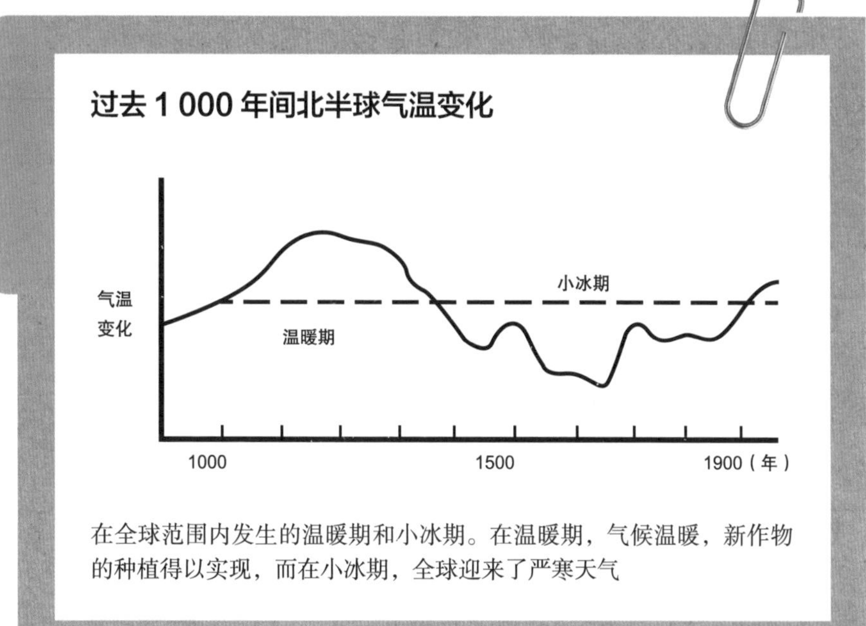

在全球范围内发生的温暖期和小冰期。在温暖期，气候温暖，新作物的种植得以实现，而在小冰期，全球迎来了严寒天气

技术的发展紧密相关。人们在 11 世纪制造出了庞大且轮子能够转动的犁，这种犁能够有效地粉碎结块的泥土。因此，过去无法开发的石头较多的贫瘠土地也得以开垦，并被作为耕地来使用，荒地开垦也成为解决因人口增加而导致食物需求量上升问题的重要基础。

在开垦荒地的同时，人类为了进一步提高粮食的生产效率，还促成了另外的技术变革，那就是三圃制耕作方式。在 11 世纪的欧洲，新型土地耕作方式在欧洲迅速传播，这是一种将土地分为三个部分进行耕作的方式。他们

三圃制

每年按照秋耕地、春耕地和休耕地的顺序轮流种植不同的作物，所有的耕地均是每三年休耕一次，借此来获得恢复土壤肥力的时间，以得到更高的生产效率。秋耕地和春耕地中种植的作物收获时间互不相同，因此不存在粮食不足的阶段。与此同时，休耕地主要被用作饲养家畜的放牧地

将土地分为秋季耕种的秋耕地、春季耕种的春耕地以及不进行耕种的休耕地，在秋耕地中种植冬小麦或黑麦，在春耕地中种植大麦或大豆、燕麦等作物。在实行二圃制耕作方式时，人类未加以利用的土地有一半之多，但三圃制实行之后，这一数字减少到了三分之一，人类也能够获得更高的产量。

虽然开始实行三圃制的准确时间我们无从得知，但从记录中可以看到，765 年，法国卢瓦河北部地区就已经实行了三圃制。据推测，8 世纪后期，欧洲的部分地区就已经实行了三圃制，到了 11 世纪，又逐渐扩散至其他区域。此外，我们在上文中已经提到，三圃制之所以在这一时期广为传播，和当时人口急剧增加有紧密的关系。

不仅在欧洲，在其他地区也出现了全新的土地耕作方式。10 世纪后期，北宋大约有 6 000 万人口，但到 11 世纪，人口激增至 9 000 万。为了养活急剧增加的人口，势必要生产更多的作物，中国的农耕技术也得到了发展。当时，以长江为分界线可将中国分为北方的华北地区和南方的江南地区。10 世纪以后，随着农耕技术的发展，对江南地区的开发也正式开始。

在江南地区的农耕技术发展中，最具代表性的是新耕地的开发。为了养活激增的人口，必须获得更多的耕地。结果，人们开垦出了圩田和水利田等新的耕地。圩田是用堤坝圈起低洼地带而开垦出的土地，水利田是利用水利和灌溉设施来供水的土地。在这种新形态的耕地中，主要进行水稻种植，江南地区也因此成为古代中国大米的中心产区。

在扩大耕地的同时，为了提升生产效率，江南地区出现了龙骨车。龙骨车是水车的一种，在河流或水库等水源和需要灌溉的农田之间，用木桶进行连接，再连接龙骨板使之旋转，便能引水上来。随着龙骨车的应用，人们可以轻松地供水至农田，这样一来，很多水源不足的地区也能够种植水稻了。

此外，从 12 世纪起，以江南地区为中心的一小片区域开始实行培育秧苗移植的插秧法。插秧法的优点在于缩短了农田灌溉的时间，而且在移植秧苗之前，农田还可以被用作他途。通过实行插秧法和一年双收制，江南地区的大米产量颇丰，中国的经济中心也逐渐从华北地区转移至江南地区。

15 世纪末，在以哥伦布为首的欧洲人前往美洲之前，美洲大陆上最大的帝国是印加帝国。印加帝国所处的地区坡度很大，无法像亚欧大陆的其他地区一样在平原上进行农耕。因此，为了获得更多的剩余产品，印加人发明了梯田开展农耕。

梯田农耕不仅能解决土地资源不足的问题，而且每个阶梯的高度不一，可以根据光照量和风力试验出某种作物能否被种植。最终，人们在阶梯的最下面种植玉米，在阶梯的最上面种植马铃薯。

为了提高梯田农耕的效率和生产力，印加帝国在堆成

龙骨车

宋朝使用的一种水车，该设备能利用人爬上龙骨板移动时的动力引水灌溉

阶梯的石头上开挖沟槽，建造水渠，发明了大规模的灌溉设施。得益于这项技术，降落在山顶的雨水能够沿着水渠流入梯田中。印加帝国位于高山地带，灌溉设施对农耕来说非常必要。建造大规模的梯田和灌溉设施，需要大量的劳动力。印加帝国研发出投石机、弓箭、长矛、盾牌等武器，征服周边地区，利用俘虏生产出更多的剩余产品。

安第斯高原的梯田

印加帝国的梯田——莫瑞（Moray），顶部和底部的坡度约为 5 度

新动力的开发

在农耕的变化之中，值得关注的一点是新动力的应用，欧洲人在 11 世纪前后使用的新动力有水能和风能。利用水的力量获取能量的工具有水碓。水碓和韩国的水碾、中国的水车具有相似的功能。9 世纪之后，欧洲出现了大量水碓。气候变暖导致人口增加，食物的需求量也随

水碓

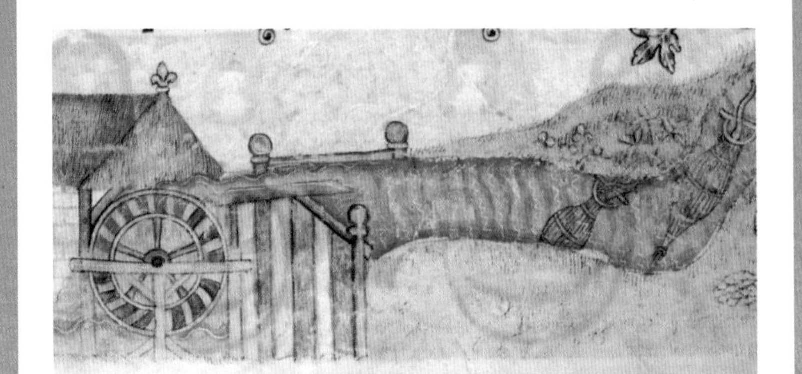

11 世纪欧洲的水碓，使用新的动力，将水从高处落至低处产生的势能转换为自身的动力来源

之激增，促使农业技术进一步发展。

欧洲人的主食是面包，所以为了获得生存所需的能量，极为重要的一项工作是将小麦碾成粉，烤成面包。一个水碓能承担的工作量相当于 40 名壮劳力，能够缩短碾磨谷物的时间，使劳动效率提升。水碓的应用能大幅度地节省人类的劳动力，因此欧洲人将水碓用于多个方面，其中最具代表性的是造纸。

当时，欧洲人使用破布来造纸，他们将棉织物或麻织物材质的破烂衣服或布料放入一个大桶中煮沸后，利用水碓猛烈搅拌，制成纸。水碓利用流水的力量运转，连接在水碓上的大木杆则起到粉碎的作用。随着这种造纸技术的活跃传播，收揽破布的拾荒职业风靡一时。

在使用水碓造纸的过程中，欧洲出现了前所未有的变化和革新。昂贵的羊皮纸被价格低廉的纸取代，书的制作也更为容易。随着越来越多的书籍问世，书和知识再也不是特权阶层的专享物品了。

尝试书写或阅读文章的人逐渐增加，无数知识和思想通过书籍在欧洲快速传播。普通群众也能够阅读纸质书籍，并表达自己的想法和意见，这与印刷术的发明一起，成为开启新时代的重要契机。

这一时期，在欧洲出现的另一种动力是风能。风车作为一种利用风能的机械，最早出现于 7 世纪左右的波斯地区。风车最初主要应用于水资源缺乏的地区，在欧洲的应用则出现在 11 世纪前后。欧洲过去使用的风车主体是以柱子为中心进行旋转，同时叶片能够随风而动。之后转变为主体被固定，只有顶部旋转，同时叶片随之转动的形态，就是我们今天看到的风车的样子。

风车主要被用于磨面粉，也被用于在皮革加工过程中

来~来~
有需要纸的顾客，
在这边排队啦！

荷兰的风车

通过凡·高的作品《风车磨坊》可以一窥荷兰旧风车的形态

引水或给煤矿抽水。

荷兰一词本身就具有“低洼之处”的含义，顾名思义，荷兰国土四分之一的区域都低于海平面。因此，为了预防河水或海水的泛滥，需要将低于海平面地区的水引出去，风车在这方面发挥了重要作用。荷兰曾制造了 8 000 余台风车，用以利用风力获得动力。

如上所述，10 世纪到 14 世纪，亚欧大陆的农耕活动出现了很多变化。在人口增加的同时，人们为了提高产量，实行了全新形态的土地耕种法，将水或风作为新的动力来使用，促成了能够提升生产效率的技术发展。这些农耕方面的技术发展和剩余产品的增加很好地展现了大历史观点中所强调的“复杂性”的增加，这与很多历史学家至今把这一时期称为停滞期的主张大相径庭。

哥伦布大交换

哥伦布横渡大西洋的故事在大历史中意义非凡，这并非因为他发现了美洲大陆。在哥伦布之前，已经有维京人前往美洲，而且美洲原住民也在此生活已久。

哥伦布航海在大历史中意义非凡的原因在于，以该时期为起点，亚非欧大陆和美洲的人类社会和生态系统出现了诸多变化。多种动植物和商品，甚至疾病都进行了交换，在全球范围内出现的这种变化也因此被称为“哥伦布大交换”。

通过哥伦布大交换，许多事物从美洲移至亚欧大陆，其中影响最大的是马铃薯。马铃薯的原产地是南美洲的秘鲁和玻利维亚，在美洲的多种作物化种植的植物中，马铃薯以其出众的适应能力而为人所知。虽然马铃薯主要被种植于温带地区，但从非洲的撒哈拉沙漠到格陵兰岛都有马铃薯的身影。

18 世纪初，马铃薯成为欧洲人生活中的主要作物，那时爱尔兰人开始种植马铃薯。自 12 世纪起，爱尔兰受英国的统治，那里收获的大部分小麦都要进献给英国的地主们。因此，许多农民为了生存，不得不去寻找其他作物，此时爱尔兰的农民选择了马铃薯。马铃薯这种作物受气候条件的影响较小，适合在爱尔兰的潮湿气候中生长，而且在贫瘠的土壤中也能茁壮成长。爱尔兰种植马铃薯以后，农业产量陡增，当时超过三分之一的爱尔兰人把马铃薯作为主食，马铃薯的产量一度达到每英亩 5 吨。

英亩
以黄牛一天能够耕作的土地面积为标准制定的单位，1 英亩大约为 4046.9 平方米。

随着马铃薯产量的增加，爱尔兰的人口也出现了增长。17 世纪初期，爱尔兰只有 200 万人口，但到了 19 世纪中期，变为 800 万，增加了 3 倍以上。但 1845 年，爱尔兰首次出现了马铃薯枯萎病，并迅速扩散，导致四分之一人口被饿死。在最终的幸存者中，超过 200 万人不得不移居美国等其他国家。从大历史的观点来看，美洲的马铃薯最终成为促成全球性

16 世纪哥伦布大交换

16 世纪初以后，亚非欧大陆和美洲之间有各种形式的动植物交换。除此之外，随着人类和病菌的移动，以及众多知识和信息、技术等的交换，亚非欧大陆和美洲被纳入一个网络中

人口迁移现象的重要因素。

美洲的马铃薯并非只对欧洲产生了重大影响，15 世纪，马铃薯传至中国。17 世纪中期，中国出现了严重的饥荒，这一饥荒现象和当时全球出现的小冰期之间存在密切关系，气温突然变冷使得粮食产量减少，结果导致很多人饿死。

与其他作物相比，马铃薯受气候的影响较小，且在贫瘠的土壤中也能种植，这使得它成为这一时期代表性的救荒作物。种植马铃薯之后，食物产量增加，同时中国的人口也于 18 世纪末开始激增。18 世纪末期，中国的人口为 3 亿左右，到 50 年后的 19 世纪中期，人口增加了 40% 左右，达到 4.3 亿。前文已提到，在农耕时代，人口增加两倍所需的时间大约为 1 400 年，与这一速度相比，中国人口的增速相当迅猛。可以说这部分得益于从美洲传入的马铃薯。

种植园

种植园是欧洲人在热带或亚热带地区，即东南亚、非洲、美洲等地投资技术或资本，利用当地的原住民或移民劳动者等廉价劳动力来种植作物的生产方式。代表性作物有橡胶、甘蔗、烟草、棉花、咖啡等。

棉花和糖种植园

欧洲人企图把美洲当作殖民地来积累巨额财富，因此他们开始把

10 世纪以来中国人口的增长

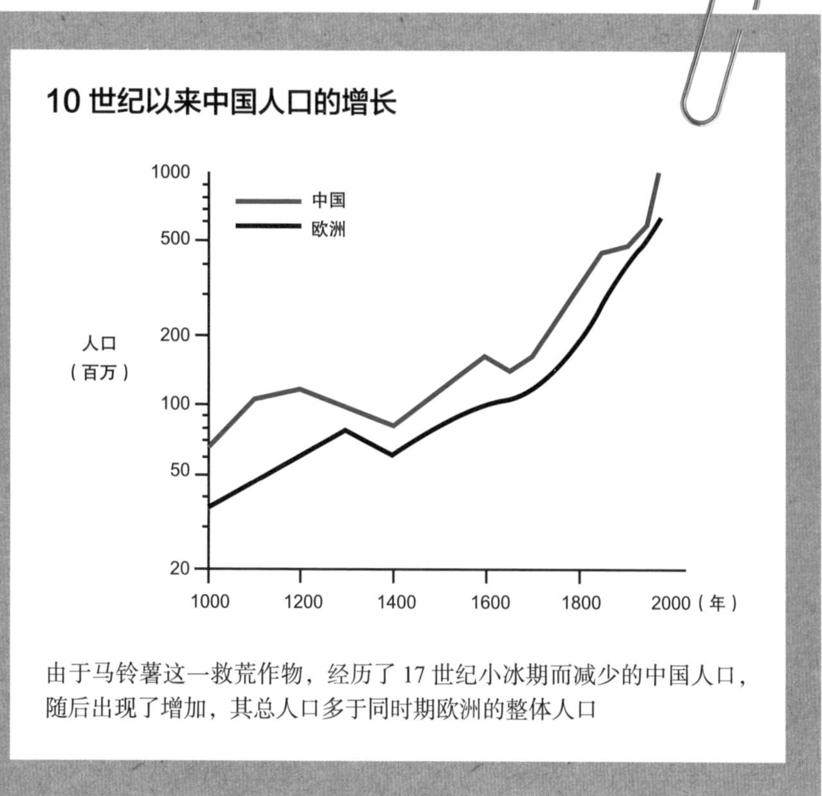

由于马铃薯这一救荒作物，经历了 17 世纪小冰期而减少的中国人口，随后出现了增加，其总人口多于同时期欧洲的整体人口

目光投向美洲的植物。他们种植美洲的植物，并把它们制造成商品出售到欧洲市场。欧洲人开始在美洲建造大规模的农场，种植大量的作物进行销售，这种新形态的农耕就是种植园。另一方面，通过种植园累积了大量财富的欧洲人逐渐开始向全球贸易网的中心区域移动。

美洲最具代表性的种植园产物之一是棉花。棉花的种

棉花种植园

随着全球范围内棉花需求量的增加，以美国南部地区为中心发展起来的棉花种植园必须生产更多的棉花才能满足需求，这使得无数的非洲原住民被强制带到美洲充当劳动力

植最早于公元前3000年左右出现在印度，之后传到了欧洲和东亚地区。特别是随着欧洲对印度棉织物的需求与日俱增，全世界范围内制作棉织物的技术也大为提升。18世纪下半叶，英国发明了多种棉纺机（纺纱机），随着蒸汽机这一全新动力的出现，英国生产的棉织物开始在全球

流通。英国对棉花的需求不断攀升，最终把印度变成了自己的殖民地。

16 世纪以后，美洲也开始种植棉花。最初是以加勒比地区为中心种植，后来逐渐扩散至北美洲。原本种植于热带地区的棉花在温暖的美国南部地区也能茁壮成长，因为该地区无霜期较长，高温潮湿，非常适合种植棉花。以路易斯安那州和南卡罗来纳州为中心的美国南部地区开始建造大规模的棉花种植园，到 19 世纪中期，美国的棉花产量占全世界 80% 以上。这是自哥伦布大交换以后，亚非欧大陆的植物传至美洲的过程中产生的全球性变化之一。

在棉花之后，从亚非欧大陆传至美洲并被种植的植物是甘蔗。甘蔗是制糖原料，其原产地在东南亚，但从公元前 3000 年左右开始，印度就有使用甘蔗汁液的记录。6 世纪左右，甘蔗被传至波斯；在十字军东征的过程中，甘

巴西甘蔗种植园与奴隶贸易

1500—1870 年，以非洲西海岸地区为中心的无数非洲原住民在奴隶贸易中被强行迁移至美洲。非洲原住民主要的迁移目的地是南美洲，就是因为那里的甘蔗种植园。直至今天，巴西仍然是全世界糖产量最高的国家。

巴西的甘蔗种植园

大部分来自非洲的黑奴被遣送到甘蔗种植园中充当劳动力，在糖的甜蜜中隐藏的是强制劳动、奴隶交易等历史悲剧

蔗被带到欧洲。在当时的欧洲，糖不是食物，而是被用作处方药，十分珍贵。

15 世纪末，哥伦布在航海途中经过非洲加那利群岛，在那里发现了甘蔗，将其带到海地岛，并开始种植。甘蔗在年平均气温超过 20 摄氏度的地区能够茁壮成长，因而一到达加勒比海沿岸地区，就开始迅速扩散。该地区的气候条件非常适合种植甘蔗，因此欧洲人开始建造大规模的种植园。成熟的甘蔗长度超过 4 米，所以砍伐、运输甘蔗是一项十分繁重的工作。此外，为了制糖，还要将甘蔗粉碎榨汁后提纯。这些过程也耗时很久，所以甘蔗种植园需要大量的劳动力。

为了在种植园中大量生产棉花和甘蔗，欧洲人开始利用非洲的黑人劳动力。17 世纪初期，最早前往美洲的黑人并非奴隶，而是契约劳工，但随着全球范围内棉花和糖的需求增加，对劳动力的需求也不断增大。然而，欧洲人为了积累更多的财富，开始强行将非洲原住民带到美洲。19 世纪初，美国南部的黑人奴隶大约有 70 万名，占南部整体人口的三分之一。

从大历史的观点来看，在哥伦布大交换之后，出现了

糖

糖是一种能够快速提高体内葡萄糖含量，从而有效地向人体提供所需能量的食品。此外，还有研究显示，糖的甜味能够使人的心脏稳定地发挥作用。但是近来有人主张，提纯的糖不仅会导致糖尿病、肥胖等问题，还会引发动脉硬化、脑卒中、心脏病等重大疾病，所以医生建议减少糖的摄入量。

种植园这种新的农耕方式，在种植园中种植的棉花和糖又对亚非欧大陆和美洲产生了影响，因为欧洲人为了获得更多的财富而强行转移非洲原住民。最终，西欧成为全球交易网的中心，是因为自哥伦布大交换之后，动植物的变化、商品交易、疾病传播以及大规模人口强制迁移等造成了生态系统的变化。

6 工业化时代的农耕

资本积累与机械化

从大历史的观点来看，自宇宙诞生至今，出现了几次重大转折点，这些节点对人类、地球以及整个宇宙产生了巨大影响。在经历了这些重大转折之后，不仅是人类社会，整个地球上都出现了前所未有的崭新形态的复杂性。工业化就是上述重大转折点之一。

一般来说，工业化是指使用蒸汽机这一新的动力发明出多种机械，并且积极将这些技术进步应用到产业中的现象。具体来说，工业化的意义可分为如下两个方面：

第一，工业化是指 19 世纪中期英国发明了蒸汽机等多种机械，并由此促成了工厂大量生产商品的现象。

第二，工业化是指在英国发生的这些现象并未局限于欧洲的一些国家或美国，而是扩散至全世界的现象。

在大历史中，我们不仅要观察英国的工业化，还要了解工业化蔓延至全球的过程中出现的多种相互作用和复杂性。人们通常以动力、机械、技术的开发和进步等因素为中心来理解工业化，所以会认为工业化现象与“和自然环境直接相关的农耕”之间关系不大。但是，对从农耕中获得的生产物或资源进行加工从而制造出人类必需的财物和能源等一系列过程都包含在工业化之中，因此若进一步扩大工业化的分析框架的话，我们就可得知工业化和农耕之间存在着密不可分的联系。

经济作物和资本积累

哥伦布大交换之后，随着交易网的扩大，出现了很多新现象，其中之一是通过农耕来追求更多的经济利益，并积累资本。英国自 16 世纪开始就迅速行动起来，尝试通过其国内最重要的产业——毛纺织业来积累财富。人们为了得到更多的收入，放弃了种植作物，转而开始养羊。和种植作物相比，养羊一方面需要投入更少的劳动力，另一方面能够获得更高的生产效率和经济价值，因此这一产业当时发展迅猛。

最终，曾用来种植作物的耕地被育草的牧场取代，不仅是休耕地，种植谷物的春耕地和秋耕地也都变成了牧场，甚至拥有土地的人们试图将荒地或共同耕地都转变成牧场。在此过程中，土地所有者开始在自己的土地上修建篱笆，用来宣告这是“我的土地”，同时也开始在篱笆圈内的土地上养羊。我们把这种现象称为“圈地运动”，即用篱笆圈起土地来行使土地所有权的行为。

圈地运动之后，英国国内出现了哪些变化呢？当时大部分农民不是拥有自己土地的人，他们向土地的拥有者租借土地，缴纳收成的一部分作为税金或租借费，剩下的用来维持自己和家人的生计，非常贫困。但是，当人们的目光从作物种植转向羊毛产业之后，便失去了最后的耕地，

轮作

轮作始于欧洲，是18世纪下半叶爆发的圈地运动的产物。轮作是指在同一块土地上轮流种植不同作物的耕作方式。进入19世纪，英国的部分地区实行了轮流种植小麦、芜菁、大麦、三叶草的四轮作方式。芜菁和三叶草用来充当家畜的饲料，得益于这些饲料作物的种植，家畜吃得更多，而它们越来越多的排泄物又可以作为种植作物时所需的肥料。和三圃制不同，这种方式不需要休耕一部分土地来恢复土壤肥力。通过种植饲料作物，即使没有休耕地，也能恢复土壤的肥力，这使得土地能被最大限度地利用。中国早在11世纪就开始实行一年双收制，韩国虽然在15世纪就引入了一年双收制，但到17世纪中期才开始快速推广。

最终不得不前往大城市，沦为雇佣工。

16 世纪出现的这些现象从 18 世纪后期至 19 世纪再度出现，18 世纪后期出现的圈地运动进一步强化了农耕的资本主义色彩，农耕已不再是单纯地向自己提供所需食物和能量的行为，而是变成了密集地利用大规模的土地来获得更多产品的活动。农耕开始演变成一种通过交换和销售来积累大量财富的手段。19 世纪之后，随着新产业的出现，农耕过程中的资本积累开始加速。

此时，人们开始种植作物，用以在市场销售，而不是食用。这些现象并非英国独有，朝鲜半岛也在朝鲜时代后期开始了经济作物的种植，代表性的经济作物有烟草和人参等。如果说以前农耕的重要目的是生产人们自给自足所需的食物，那么在这一时期，通过种植具有附加价值的作物获得更多的经济利益则成为农耕的另一目的。

大约在同一时期，东南亚地区也种植了多种经济作物，最具代表性的非橡胶树莫属。橡胶树原本种植于以亚马孙为代表的南美洲地区，这里的人们把从橡胶树中采集到的汁液晾干后涂抹在衣服和鞋子上，用来防水。19 世纪中叶以后，在工业化的过程中，橡胶被大量用作内燃机的软管，其作用也变得越发重要。

随着亚马孙地区生产的橡胶交易价格提高，作为经济作物的价值不断提升，欧洲人开始在地理条件和气候条件相似的印度尼西亚和马来半岛地区种植橡胶。在橡胶需求量增加的同时，他们为了积累大量财富，在东南亚建立了

朝鲜半岛的人参

人参自 2 000 年前起就被用作药物，在 600 年左右编纂而成的中国医书《本草经集注》中介绍了百济和高丽的人参，1145 年金富轼编纂的《三国史记》中也有向唐朝进贡人参的记录。丁若镛在《经世遗表》中记录，“田中种植的人参利益可达 1 000 万钱”，以此来强调人参是朝鲜时期代表性的经济作物。朝鲜的人参经由义州或栅门等地出口到中国，经由釜山出口到日本，无论是中国还是日本，都把朝鲜种植的人参视为珍宝，所以不惜重金购买。随着人们对人参的需求增加，参农的收入也有所提高。

橡胶种植园

在马来半岛橡胶种植园中工作的原住民劳动者。今天，马来半岛的橡胶产量占全世界产量的 40% 左右

橡胶种植园。此外，如之前在棉花和甘蔗种植园部分叙述的那样，他们也强制当地原住民去橡胶种植园劳作。

工业化之后，随着农耕和资本主义方式相结合，人类能够比地球上的任何物种都更有效地利用太阳能，农耕也开始从获得生存所需能量的自给自足形态转变为追求更多经济利益的形态。和其他产业一样，农耕的目的也变成了积累更多的资本和财富。此外，人们为了提高单位面积的作物产量，在农耕过程中引入了各种机械，农耕的机械化由此开始。

农耕的机械化

在工业化之后出现的众多变化中，极为重要的一项是在农耕中积极引入机械。工业化以前，人们在获取生存必需的能量或获得大量财富时，主要利用人和牲畜的劳动力。但随着蒸汽机等新型动力的使用，多种机械被发明出来，并开始取代人和牲畜的劳动力。此外，工厂中生产了大量商品，生产效率达到了前所未有的高度。这种农耕的机械化在纺织业中表现得最为明显。

17 世纪，英国东印度公司以印度和东亚为对象垄断了贸易，他们将印度的棉织物带到英国，英国随即开始将目光投向印度的棉织物。到了 18 世纪，英国为了生产更多的棉织物，开始使用蒸汽机这一新型动力。人们发明了一次性解决纤维延展、搓捻、缠绕工作的飞梭，珍妮纺纱机等器械，自此开始了使用新型动力和能源、发展技术和扩大产量的征程。

随着蒸汽机在全球范围内被广泛使用，更多的新机械被发明，最具代表性的是 18 世纪末美国制造的轧棉机。

飞梭和珍妮纺纱机

使用飞梭（左侧）时，拉扯绳子来移动滑轮，就能使纬线从经线之间穿过，这一发明使得织物的生产速度大为提升。后来詹姆斯·哈格里夫斯利用缠线时必需的锭子发明了珍妮纺纱机（右侧）

轧棉机是给棉花脱籽的机器，在轧棉机被发明之前，人们都是直接用手去除棉籽。在使用了这一机械之后，生产速度陡增。18 世纪末，英国的棉织物产量约为 3 000 包，而到 19 世纪中期，棉织物产量增加到了 100 万包。发明了轧棉机，生产纱线的纺纱机、编织布料的纺织机等机械之后，使用机械作为动力的工厂如雨后春笋般涌现出来，前所未有的复杂性也在此过程中慢慢呈现。

不仅在棉织物产业，谷物生产也开始了机械化，农耕

利用机器纺线的场景

工厂引入了蒸汽动力的机器，开始大量生产纱线

的机械化现象在幅员辽阔的美国尤为明显。美国早在 19 世纪末就发明并使用了蒸汽动力的脱粒机，进入 20 世纪后，为了进一步提高生产效率，又发明了很多新机械，拖拉机便是其中之一。随着拖拉机的使用，美国的粮食生产效率得到

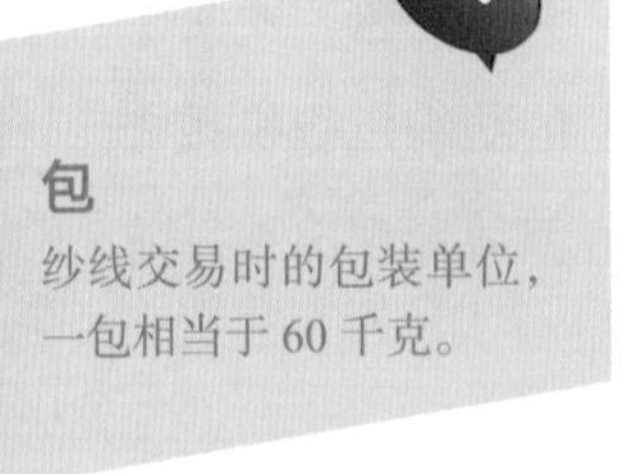

包
纱线交易时的包装单位，一包相当于 60 千克。

了极大提升。20 世纪 30 年代，美国的人均粮食产量可以养活 9 个人，到了 20 世纪 60 年代，这一比例增加了近 3 倍。倘若没有农耕机械化的出现，这种产量的提升不可能实现。

韩国农耕的机械化始于 20 世纪 70 年代。截至 1968 年，韩国国内从事农耕的人口占全部人口的一半以上，但随着国家工业化推进战略的积极实行，从事农耕的人数开始减少。

拖拉机的发明

拖拉机是可以代替大部分使用人或牲畜的劳动力的农耕技术。作为装备了强大引擎的特殊汽车，拖拉机可以连接多种农具并提供动力，还能在行驶或停车状态下进行作业。一台拖拉机不仅可以用来耕田，还可以用来除草、收割、运输物品。拖拉机发明于19世纪初，随着引擎和技术的进步，拖拉机也不断经历着革新。最具代表性的拖拉机是约翰·迪尔在19世纪末发明的，以其名字命名的约翰·迪尔公司生产包括拖拉机在内的多种农业机械，该公司近来正利用卫星定位系统等最先进的技术和信息快速推动技术研发的进行。约翰·迪尔公司每年在开发农业器械方面投入的资金超过15亿美元，引领着今天农耕机械化的潮流。

约翰·迪尔拖拉机，如今被用于和农耕相关的大部分作业之中

农耕的机械化

与以往不同，如今连种在苗床上的秧苗都用机械移植到水田中

随后，1971 年制定的农耕机械化五年计划确立了不仅要用机械代替减少的劳动力，还要通过改良土地和提高土壤肥力来提高生产效率的目标。自 1977 年开始，水稻插秧和收获作业中也开始使用机械。1979 年，农业机械化研究所成立，旨在实行多种政策，以便更好地通过机械化发展韩国的农耕。

在近来的水稻农业中，耕田、移植秧苗、预防虫害、收获等大部分作业都由机械完成。从全世界范围来看，韩国可以说是在短时间内成功实现农耕机械化的国家之一。

现代社会的农耕和环境问题

现代社会的农耕一直通过机械化来克服生产效率问题和劳动力不足的问题，实际上，自1万年前以来，农耕中出现的多种工具的发明和技术的进步归根到底是为了获得更多的产品，这一目的在现代社会中也没有出现巨大的改变。为了获得更多的产品，除了机械化，人们在现代社会中还选择了其他方式，化肥就是其中之一。

肥料是一种通过提升土地生产效率来帮助植物更好生长的物质，它的主要成分是氮、钾、镁等，其中氮与蛋白质是叶绿素的主要成分，在植物的叶、根、茎等部位的生长过程中起到重要作用。因此，在种植作物时，氮的供给相当重要。

化肥是通过化学处理制造而成的肥料。19世纪初期，人们发明了水溶性磷酸，开始使用化肥。1904年，研发出了气态的氮和氢结合制造氨的方法，化肥自此开始正式生产。而化肥最突出的优点，就是见效快，同时能够廉价大量生产。

通过使用化肥，我们解决了现代社会的一大难题——饥饿和粮食短缺。过去40年间，化肥使用量增加了8倍以上，粮食产量也增加了2倍以上。很多科学家强调，化肥是现代社会最伟大的发明之一。他们认为，在耕地面积

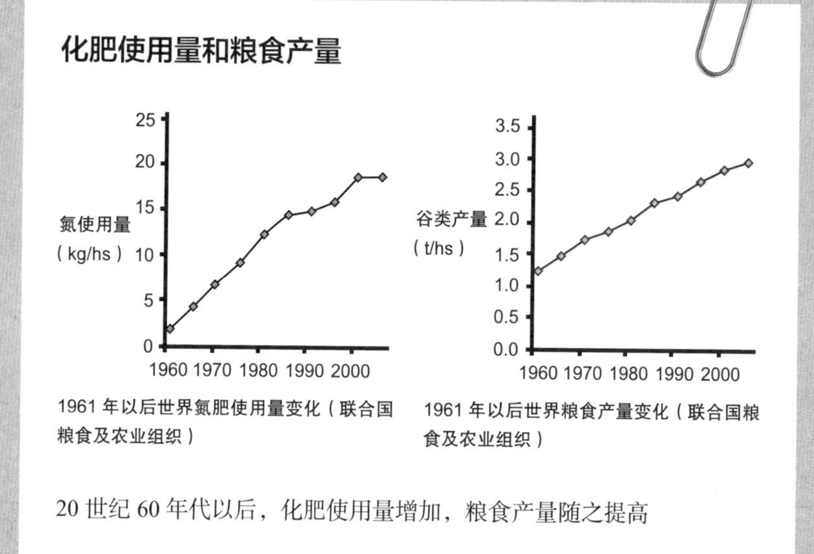

20 世纪 60 年代以后，化肥使用量增加，粮食产量随之提高

逐渐减少的今天，要生产超过现在两倍的粮食，才能养活全世界的人口，所以不得不使用更多的化肥。

然而，化肥的使用带来的并非都是正面的影响。自 20 世纪末开始，人们就针对化肥的副作用提出了很多问题，其中之一是土壤酸化。使用化肥使原本中性的土壤逐渐变成酸性，反而造成肥力衰退，所以部分土地的产量会减少。与此同时，使用化肥从而导致水污染的问题也日益严重。未被土壤吸收的化肥汇入地下水后，其主要成分氮和磷酸钾会引发地下水污染。

提高产量的另一种方法是使用农药。农药主要用于去除作物的病虫害，代表性的农药有杀虫剂和除草剂。很多人认为，随着科学技术的发展，农药的使用能轻易杀死对作物有害的昆虫和病菌，因而提升产量。这使全世界农药的使用量自 20 世纪 60 年代以来增加了 50 倍以上。时至今日，全世界农药的使用量已经高达约 250 万吨。

虽然在化肥和农药的帮助下，粮食产量大幅提升，但为了获得更多产品而使用的化肥和农药流向耕地之外的土壤、河流和海洋，对其他生命体产生了致命性的影响。在 1962 年出版的《寂静的春天》一书中，作者详细地说明了农药 DDT（滴滴涕）的盲目使用对人类和生态系统造成的影响。

除了化肥和农药，如今对环境造成严重影响的另一种物质是转基因生物（GMO）。转基因生物是指在现有的生物体中置入其他生物体的基因，从而得到具有全新性质的生物。20 世纪 50 年代，随着 DNA（脱氧核糖核酸）的结构被人们发现，转基因相关的科学技术也开始快速发展。1994 年，最初的转基因生物——“佳味”西红柿在获得美国食品药品监督管理局（FDA）的认可后，开始销售。

现在，市场上销售的代表性转基因生物有大豆、马

寂静的春天

《寂静的春天》的作者是蕾切尔·卡森（1907—1964），出版于 1962 年。本应鸟语花香的春天却因为杀虫剂的使用而一片死寂。在这种寂静的春天中，故事展开了。书中揭露了滴滴涕等农药的盲目使用造成生态系统和环境被破坏的现象，这也使得环境运动在美国得以展开。实际上，在《寂静的春天》出版之后，美国成立了负责环境问题的咨询委员会。随着滴滴涕致癌证据越来越确凿，美国环境部于 1972 年禁止了滴滴涕的使用。虽然一些人批评该书中出现的环境问题过于夸张，但通过《寂静的春天》，我们能够了解到一个重要的事实，即为了获取更多产品而取得的技术进步可能会带来出乎意料的副作用。

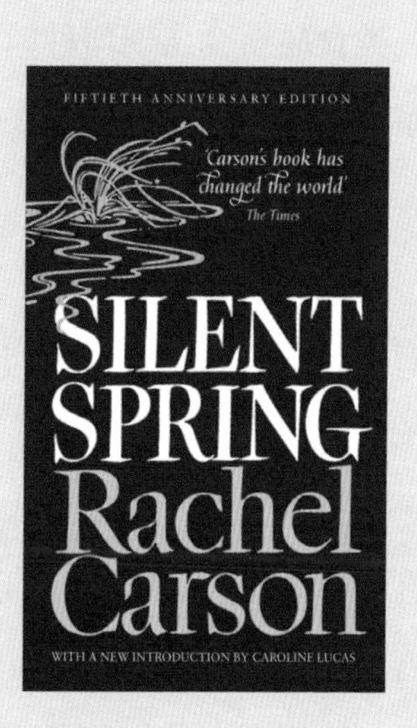

蕾切尔·卡森和《寂静的春天》

铃薯、玉米等。从 2008 年开始，随着多个国家转基因生物进口量的增加，全世界转基因生物的种植面积扩大了 50% 以上。韩国的大豆和玉米等作物大多依赖进口，是世界上第二大转基因生物进口国。

但近来，围绕转基因食品，出现了很多争议，其中最大的一个是它对人体有害。很多人认为，世界卫生组织保障转基因生物的安全性，转基因生物是未来的食物。与此相反，一些人则主张称，依赖转基因人为地制造出原本不存在的生物，可能会引发不稳定的状态，也无法预测人类摄取这一类食品后会出现何种问题。围绕转基因生物出现的这一系列争论不仅在韩国，在全世界范围内都是一个重大话题。

随着农耕技术的发展，我们获得了更多产品。但是从大历史的观点来看，我们遗忘了一个事实——我们生存的地球和宇宙并不只属于人类。农耕开始之后，应该说自人类出现在地球上以来，我们一直同周围的环境保持着多种联系。在狩猎–采集时代，从周边环境获取人类所需的食物和能量，在农耕时代，驯化多种动植物获得食物，在工业化时代，快速提高生产力。人类在经历这些阶段的过程中，逐渐对周边环境产生了重大影响。

人类为了获得更多的食物和产品而过度使用化肥和农

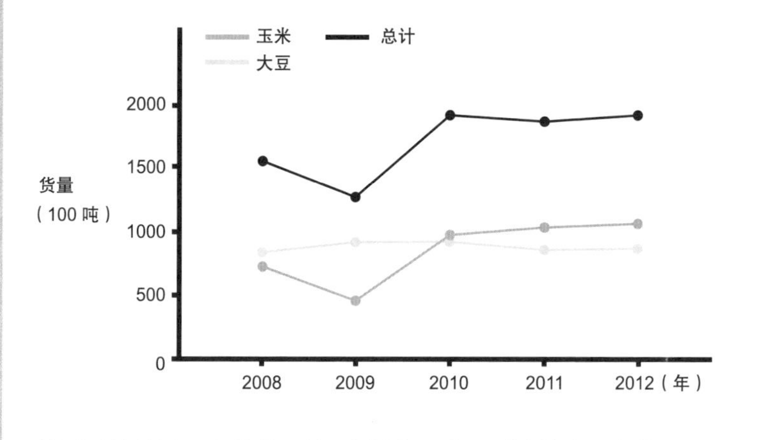

韩国对转基因玉米的进口量不断增加，大豆则维持在一定数量以上。转基因生物进口量整体上呈现出增加的趋势

药，这使得生态系统被破坏，环境也被严重污染。因此，为了协调人类和自然环境之间的平衡关系，人们开始关注减少化肥和农药使用量，能够同自然进行合作的新型农耕，这就是我们所说的可持续农耕。

有机耕作是一种不使用化肥和农药，在充分考虑环境的同时进行作物种植的农耕方式。人类在意识到除草剂和杀虫剂造成的严重危害之后，试图选择一种环保的方式种植作物。有机耕作的一大特征是完全依赖自然的生产能

田螺农耕法

最近，韩国对有机农业的关注不断升温。随着人与自然共存的思想广为传播，人类开始探索与地球上其他生命体共生的方法。在韩国，以忠清南道和全罗南道为中心的地区正在实行田螺农耕法，即不在稻田内使用除草剂，而是利用田螺来去除杂草。杂草可以成为田螺的食物，这样不仅能够自然地恢复土壤肥力，而且能够保护环境和生态系统。报告显示，使用除草剂的话，除草效果为 91%，但使用田螺的话，除草效果能达到 98% 以上，因此田螺农耕法反而比使用化肥更加有效。

田螺农耕法利用从卵中孵化成功 50 天左右的田螺去除杂草。化肥和农药造成的危害越来越严重，随之出现了利用环保媒介的方法

力，像工业化以前的农耕活动一样，为了维持和恢复土壤的肥力，使用堆肥，在与自然合作的同时，种植人类所需的作物，这是一种可持续的农耕。

因此，从大历史的观点来看，有机耕作可以说是一种通过维持生物多样性，对人类和自然环境之间的关联与共存进行探索的新型农耕方式。

农耕的未来

科技与环境、人类共存

在前面的章节，我们逐一考察了从 1 万年前至今以各种方式进行的农耕。农耕的最终目标是生产充足的、更多的食物。这一目标不论过去、现在，还是将来，都是一致的。工业化之后，人口急剧增加，现今全世界人口已高达 72 亿。[1]

养活 100 亿人口需要生产多少粮食呢？现在全世界的农作物产量约为 24.8 亿吨。因此，如果人口继续增加，粮食产量也要随之增加。为了获得更多的产品，我们使用化肥和农药等，但这让我们面临生态及环境被破坏的全球性问题。

1　截至 2022 年 5 月 12 日，全球人口总数约为 79 亿。——编者注从现在开始，让我们一起探讨，在未来数十年或100年之内，用什么方式可以提高粮食产量，以及因此带来的复杂性和变化是什么。

基因工程和新食物

能够养活激增人口的方法之一是改良农作物和家畜的品种。为了获得更多产品而改变遗传基因的学科被称为基因工程。改变生命体的遗传基因开始于约1万年前种植作物和饲养动物，从这一点来看，也可以认为农耕的历史实际上是改变遗传基因的历史。20世纪以后，基因工程迅猛发展。前文所述的转基因生物也是解决食物问题的基因工程的技术成果。

联合国粮食及农业组织推测，到2050年，要养活全世界人口，需要比现在多两倍以上的粮食。对此，科学家们认为，随着工业化的加速和气候变化等，在耕地面积逐渐减少的情况下，想要增加产量，就需要发展基因工程，改良出可食用的新品种。也就是说，通过基因工程，我们可以获得更丰富的食物。

他们认为，通过基因工程技术和品种改良可以作为未来食物之一的是昆虫。其实，人类早已将昆虫作为食物。在法国，人们销售蝗虫和蚂蚁罐头。在英国和美国，人们

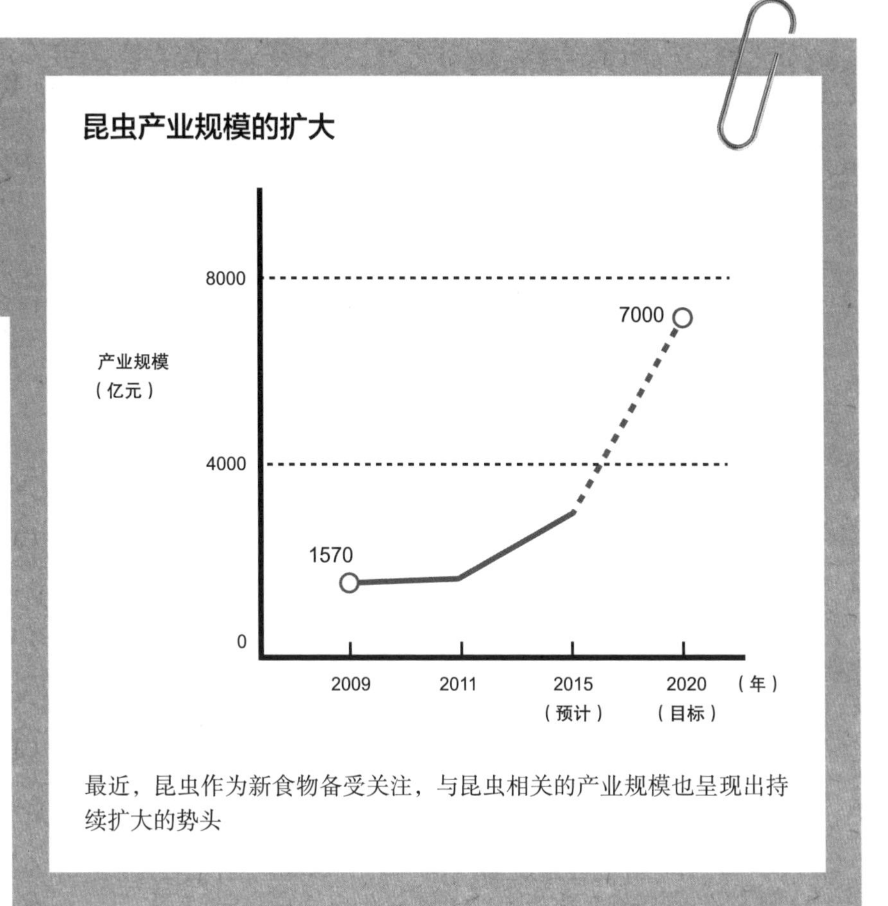

最近，昆虫作为新食物备受关注，与昆虫相关的产业规模也呈现出持续扩大的势头

食用加入蜜蜂的布丁。在韩国，蝗虫、蚕蛹、含有蚕粉的白甜酱、甲虫的幼虫——黄粉虫均已获得食用许可。

在未来社会，昆虫作为新食物受到关注的原因是其丰富的营养成分。因其60%以上由蛋白质构成，比肉类含有更多不饱和脂肪酸，所以对人体无害。而且，饲养昆虫不需要太大的空间，所以土地使用率很高。昆虫一次性产出的卵很多，换代也非常快，因此可以大量生产。另外，它们排放的温室气体仅为家畜排放量的十分之一左右，绿色环保。

从约1万年前开始农耕至今，未被人类视为食物的昆虫在未来社会将成为新食物。因为需要确认昆虫食用的可能性，所以相关基因工程和科学技术正在飞速发展。为了获得更多的能量和营养成分，现在基因工程学家应该已开始进行多种形态的品种改良。在不久的将来，当前只应用于作物和家畜的基因工程技术发展也会出现于昆虫物种领域。

城市农耕

如果随着基因工程的发展，昆虫成为新食物，农耕的方式也必然会发生变化。根据过去1万年间农耕出现的技术发展与变化，可以设想未来社会的农耕方式。已有多位专家预测农耕的未来，并提出了具体的模式。如今在现代社会，存在能够克服我们所面对的农耕的问题和难点，并成为替代方案的农耕方式，即城市农耕。

过去从事农耕的人居住在农村，不从事农耕的人居住在城市。在农村生活的人通过农耕积累剩余产品，以此养活在城市生活的人。农村和城市存在明确的界限，即从事

城市农耕

利用城市建筑物的楼顶，种植人们需要的各类作物的场景

农耕的人与不从事农耕的人，他们的生活方式也存在显著区别。但是工业化之后，交通发达，农村和城市随之相连，两者的连接速度也逐渐加快。

考虑到这些事实，在城市中可以实现未来农耕也并非一件令人惊讶的事。我们已经在城市近郊运营小型周末农场，可以看到打理菜园的人们。为了获得更高的产量，不使用化肥，种植对人类和自然环境无害的有机农作物，以此维

未来城市

持和保护生态的农业如今已在现实生活中得以部分实施。

所谓城市农耕是指利用城市的各种空间生产食物的方式，如在城市的空地或建筑物的屋顶，种植我们需要的各种农作物。到现在为止，我们为了生产更多的粮食，在广阔的土地上种植农作物、饲养家畜，同时也使用各种化肥和农药。不过，现在所说的城市农耕与过去的农耕不同，它通过自然环保的耕作方法种植农作物，并进行销售。因此，为了获得更多的农作物，不必再随意使用对人类和环境有致命影响的化肥和农药。通过城市农耕，可以实现可持续农耕。

城市农耕的另一种形式是垂直农场。垂直农场是在城市高层建筑物的一定空间内，通过人为调节光照、温度、湿度等，获得农产品的新型农耕方式。垂直农场最大的优势是在城市内也可以自给自足，在像沙漠那样无法进行耕作的地区也可以实现农耕。在需要养活100亿人口的社会，垂直农场作为能够有效解决食物问题的方法被屡屡提及。不仅如此，它还可以节约运输成本，因而也可以减少食物生产和消费的成本。

在垂直农场，可以使用与过去不同的方式栽培作物。人类长久以来耕种水田或旱田，施肥浇水，收获谷物或作物。而垂直农场则采用将农作物的根暴露在空气中，使用喷雾器直接浇水和提供养分的新方法。未来的垂直农场与现在的农耕不同，不需要大量的水。在过去的 1 万年间，灌溉田地的技术在农耕中尤为重要。但是，垂直农场和未来农耕不需要再局限于自然界供水的环境和技术因素。特别是近年来全球水危机日益严重，垂直农场的农耕方式变得越来越重要，因为它可以节约水资源。

农耕自动化

农耕的本质是生产足够多的食物来养活所有人口。因此，在过去的 1 万年间，我们通过人力、牲畜劳作和机器获得了越来越多的产品。那么，为了养活 100 亿人口，在不久的将来会出现怎样的农耕技术呢？一定会出现代替过去 1 万年间人类劳作的体系和设备，我们把这种现象称为“农耕自动化”。

未来社会将会出现的农耕自动化通过植物工厂可见一斑。所谓植物工厂，是为了提高土地使用率，在城市建筑物里种植农作物的方法。简单来说，它与垂直农场十分相似。植物工厂的重大变化之一是依靠输入了尖端信息的计算机进行控制和调节。

种植作物和饲养家畜需要各种各样的要素，即适当的温度和湿度、水、阳光、肥料、二氧化碳浓度等。在未来的植物工厂里，人们通过与栽培作物的温室相连接的中央

植物工厂

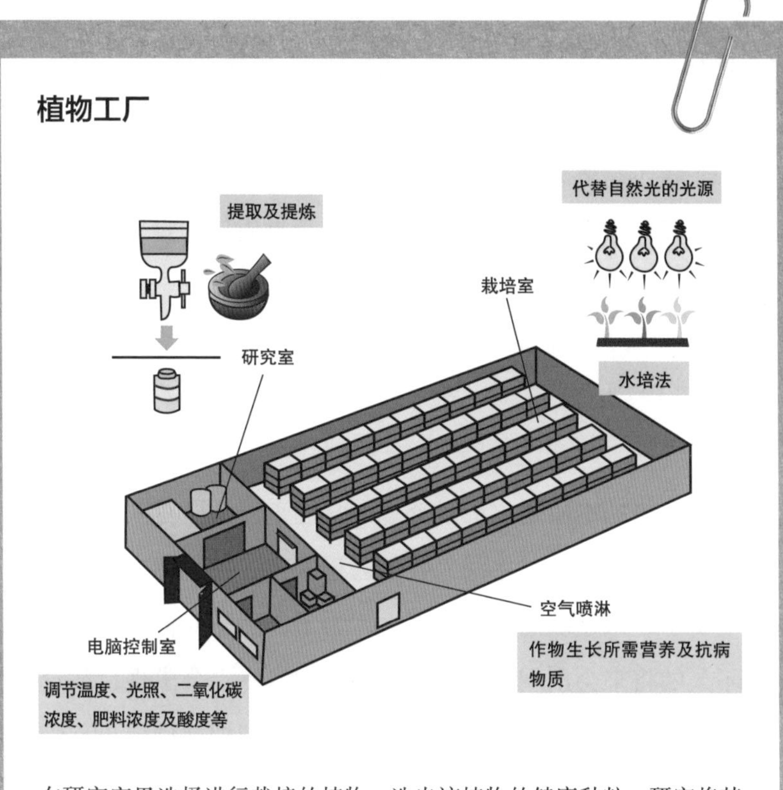

在研究室里选择进行栽培的植物，选出该植物的健康种粒，研究将其培育好的方法。栽培室提供适合植物生长所需的太阳能、水、二氧化碳，将使植物健康生长所需的养分像喷雾器一样进行喷洒，不使用农药。计算机自动调节光照、温度、湿度、二氧化碳浓度、肥料浓度及酸度等，维持适合植物生长的环境

计算机调节作物生长所需的各种要素。

通过计算机自动化控制和调节所有要素，在植物工厂可以设置适合栽培作物的环境，还可以计算出栽培作物所

需的水和肥料的量。因此，不需要像过去那样大量使用化肥，造成资源浪费。

在大约 1 万年的时间里，为了获得更多的农产物，人们有效地利用太阳能和周边环境，不断改进农耕技术。但是，植物农场不像传统农耕那样需要大量的土地、水和太阳能等，因为高层建筑的屋顶或废弃建筑物都可以用作耕地，可以有效地利用空间。通过技术革新还可以使用雨水或再生水，减少用水量。我们也可以将太阳能进行贮存，在需要时取用。总之，通过农耕自动化，我们可以消耗比过去更少的能源和资源，产出更多的食物。

人类与环境共存

与过去相比，未来势必会开发出使用更少的太阳能和资源产出更多食物的技术。这将养活全世界超过 100 亿的人口。不过，未来农耕也并不是只有积极的一面。在未来社会的农耕中，最大的问题是物种灭绝。自地球上出现生命体至今，经历过 5 次大灭绝。很多学者目前正在针对将来鱼类等多种动植物灭绝的可能性进行深刻研讨。此刻，我们身边的许多动植物也正身处灭绝的危险之中。

同时，也有学者提出了农耕领域出现贫富两极分化的问题。当今社会正迅速全球化，在这个过程中，生物技术

和其他技术将以部分企业为中心进行发展。这可能会导致企业垄断，倘若此类现象加剧，小型农耕社会将面临严重的威胁。农耕技术发展的集中化和垄断现象势必引发贫富两极分化，富者更富，穷者更穷。

从大历史的观点来看，在过去的1万年里，农耕技术的大量进步给人类社会带来了深刻的变化。纵观137亿年的历史，经历了宇宙诞生到恒星与元素的出现、太阳系和地球的形成、生命体及人类的出现和进化、人类社会的变化，复杂性一直不断增加。以此为基础，可以预见未来农耕的复杂性将继续深化。

在过去1万年的历史之中，人类不断获得和积累生存所需的食物。在这个过程中，我们过度地以人类为中心的观点和历史观观察和对待周边环境。因此，现代社会正面临全球性问题，如生态系统破坏、环境问题、全球变暖。由此可见，为了获得更多的食物，人类一直在破坏和榨取环境。

从追求和谐与平衡的大历史的观点来看，农耕尤其能够体现人类与周边环境的相互作用。通过农耕的历史可知，人类不是独立生存的物种，而是与通过驯化给予人类帮助的无数动植物和资源共存。在未来社会，农耕不仅仅单纯地生产人类生存所需的食物，同时也会成为探索人类和自然环境相互作用与共存的新方法和新机遇。

家畜化
乳制品、毛皮
作物化
牛耕
当权者
机械化
奴隶制

从大历史的观点看“农耕的开始”

自从人类出现以来，生活方式迅速发生变化。早期人类对周围的自然环境知之甚少，只能通过切身实践，不断积累知识，通过语言和集体学习，经过几代得以传承和共享。以这些知识和信息为基础，人类迁徙至新地区，开始适应新环境。约1万年前，随着全球变暖，农耕开始发展，这也是人类适应新环境的转折点之一。

受地理条件、气候和自然环境影响，人类约从1万年前开始获得了自身所需的食物和能量，并逐步扩大了自身的影响力。我们把为了稳定地获得更多食物而出现的一系列变化称为农耕。人类开始通过饲养、种植部分动植物获得所需的能量，通过各种技术发展和革新逐步提高生产效率。与此同时，人类社会也开始逐渐变得复杂。这是一种与狩猎-采集时代截然不同的生活方式。

从大历史的观点来看，农耕的开始是以新的视角和观点审视人类与自然环境相互关系的事件。植物通过光合作用从太阳直接获取所需能量，而人类只能间接地获得太阳能。起初，人类依靠自然环境获得生存所需的能量，但逐渐地，人类开始有选择地管理可以为他们提供更多能量的作物和动物。人类人为地选择作物和动物进行驯化的同时，对自然环境产生的影响力逐步增大。

总之，农耕既包括人类为了获得更多能量而付出的所有努力，也包括因此产生的变化。为了获得更多的产品，人们发明了新工具，改变了农作物和动物的基因。即使不宰杀家畜，人们也可以获得很多产品。得益于这些农耕技术的发展，现在人类比狩猎-采集时代获得了更多的产品。人们获得了多于生存所需的产品，出现了剩余产品，剩余产品使人类社会出现了前所未有的新颖性和复杂性。

剩余产品导致人口增加，并且出现了不从事农耕的群体。不从事农耕的人负责维护和保护共同体的其他工作，这样的分工与合作不断加速，出现了以共享的文字和知识为基础支配从事农耕的人的新阶层。随着农耕时代的开始和发展，出现了前所未有的规则、秩序、权力和阶级，它们加快了农耕社会的扩张。

伴随气候变化出现的人口增加也加速了农耕社会的技术发展。人类开垦新耕地，利用自然的力量，获得更多的产品。这不仅提高了生产效率，还出现了通过农耕积累庞大资本和权力的趋势，最终出现了通过强制劳动力或殖民统治等方式统治或压迫另一个民族或国家、不同人种民族的现象。

对于现在的社会，农耕依然非常重要。我们仍然通过农耕获取生存必需的能量。现代社会的人口比之前增加得更快，为了生产可以养活全世界人口的食物，农耕技术的发展越来越迅速。尤其是机械化使大量生产变为现实，在这一过程中，人类与自然环境的相互关系得以凸显。在未来社会，为了获得食物和能量，“人类与自然环境的关系”将会继续保持。

大历史非常重视人类与自然的共存。自 1 万年前起，通过农耕，人类与自然环境一直保持着密切的联系。人类对自然环境产生的影响越大，就越依赖自然环境。1 万年间在农耕中出现的技术变化和因此产生的人类历史的复杂性，使我们能够理解农耕从过去到现在产生的广泛影响。此外，理解过去 1 万年的农耕历史能够帮助我们以大历史的视角展望未来。

金绪炯

2015 年 4 月